一小時看懂人工智能

1 小時
看懂
人工智能

涂子沛 著

中和出版
OPEN PAGE

發展大數據和人工智能已上升為中國的國家戰略，這一戰略能否見到成效，與國民對這兩項技術如何推動歷史進步的認識有很大的關聯。

第二次鴉片戰爭前後，魏源編著了《海國圖志》，嚴復翻譯了《天演論》，但並沒有喚醒民眾，中國失去了從農業文明向工業文明轉變的歷史機遇。21 世紀上半葉，世界已進入信息時代的新階段，正在逐步走向智能時代。近年來，一些有遠見的學者和先輩心息相通，他們致力於宣揚新的數據觀和智能時代的理念，涂子沛先生就是其中的代表。他不但出版了《大數據》《數據之巔》《數文明》等膾炙人口的大作，最近又撰寫了兩本引人入勝的新書：《一小時看懂大數據》和《一小時看懂人工智能》。

工業時代的傳統教育側重於數理化，教給學生的知識大多是用來處理已掌握內在規律的問題，許多工作也是按部就班、照章辦事，這些崗位很可能會被智能化的機器取代。新的時代需要新的知識結構，要學會從大量數據中發現知識和規律，以適應不確定的、動態變化的環境。今天的年輕人是未來智能社會的原住民，他們必

須有適應智能化生活的思維方式和想像力。涂子沛先生的這兩本書沒有枯燥的公式和程序，而是通過一個又一個有趣的故事，告訴人們數據如何變成知識，一批聰明而執着的學者如何在艱難曲折中發展人工智能的技術。

我相信，這兩本書在讀者心中播下的種子會成長為參天大樹，樹上會結滿迷人的智慧之果。

中國工程院院士
中國計算機學會名譽理事長
中國科學院大學計算機與控制學院院長

致讀者：
打開通向新世界的窗口

1946 年，世界上第一台計算機誕生，人類文明開始了新一輪的大躍遷。一開始，人類把這個新的時代稱作信息時代。信息時代最大的特點是，以前很難找到的信息和知識現在很快就能找到了。

但隨着歷史畫卷的徐徐展開，當我們來到 2020 年，突然發現「以前很難找到的信息和知識現在很快就能找到了」這句話，已經不能概括這個時代的核心特點了。新時代像一列疾馳的列車，它載着我們已經遠遠地馳過了那個標着「信息時代」名稱的站台，我們正在跨入一個更新的時代大數據驅動的人工智能時代。

今天，這個新時代的特點已經非常清楚了，人類文明正在從以文字為中心躍遷為以數據為中心，傳統的機器製造正在升級為智能化的無人工廠，機器人的時代正呼之欲出。

以大數據為基礎的人工智能是推動這場文明大躍遷的革命性力量。這裡所說的「大數據」，是指數字化的信息，即以「0」和「1」這種二進制保存的所有信息。一行文字、一張圖片、一條語音、一段視頻，今天我們都稱之為數據。

你肯定用過計算器，輸入數字進行加減乘除運算，很快可以看

III

到一個數字答案，它代表一個數量。現在，智能手機上不僅能計算，還有更豐富、更強大的功能。你可以直接用聲音命令手機回答「世界上哪裡的葡萄最甜」。就像童話《白雪公主》中的魔鏡，它會立刻給你答案。

這些答案可能是五顏六色的圖片、有趣的採摘視頻，也可能是網頁鏈接，包括大量的文字描述和數字。你能想到的，網上全有；你想不到的，網上也有。它們會告訴你葡萄從何而來，哪個國家是原產國，第一瓶葡萄酒是如何產生的，甚至還能帶你進入「葡萄美酒夜光杯」的唐詩世界。

除了驚歎以外，你想不想知道秘密到底在哪兒？原來，手機在聽到了你的命令之後，經過自然語言處理，你的聲音被翻譯成了計算機才能聽懂的語言，人工智能像一張漁網一樣撒向數據空間，捕捉每一則與葡萄有關的信息，最終以文字、圖片、語音、視頻等多種形式呈現在你的手機屏幕上，告訴你世界上哪裡的葡萄最甜。

對，就是數據空間！

數據不像高山、大海、森林、礦藏那樣獨立於人類存在，它完全是人為的產物。人類正在其生活的物理空間之外打造一個新的空間，人類在這個新空間中停留的時間將會越來越長，甚至比待在物理空間的時間還要長。在新的數據空間裡，數據和智能主導一切，這就是人類未來發展的大趨勢。

時代變化如此迅猛，可謂波瀾壯闊，激蕩人心。你肯定也觀察

到了這些變化，你對大數據、人工智能可能也興奮很久了。未來的你將在這一場文明大躍遷中扮演甚麼樣的角色呢？

我希望你能參與其中的創新，做一個新時代的建設者。這是一個大創新時代，數據是科學的載體，數據是智能的母體，真理要從數中求，基於數據的創新將成為世界發展的先導。數據無處不在，人皆可得。這個新時代的創新將不再是少數人的專利，創新將走向大眾化，集中表現為萬眾創新。擺在你面前的這本書，就是為你迎接、參與這一場大挑戰而精心定製的。

你現在打開的是《一小時看懂人工智能》，《一小時看懂大數據》是它的姊妹篇。它們將為你打開通向新世界的大門。

如果你能認真地閱讀完這兩本書，我相信你對人工智能、數據科學領域必須掌握的概念、知識和工具將會非常熟悉。這是新世界的語言，你將可以進階，和專業人士展開交流。這兩本書最大的特點是有故事，主角是一些聰明、執着和勇敢的人，講述他們如何改變世界。我希望這些故事能如春雨一般，用「潤物細無聲」的方式在你的頭腦中滋養新世界的思維方法和價值觀。

目　錄

Chapter 1

令人興奮又恐懼的未來

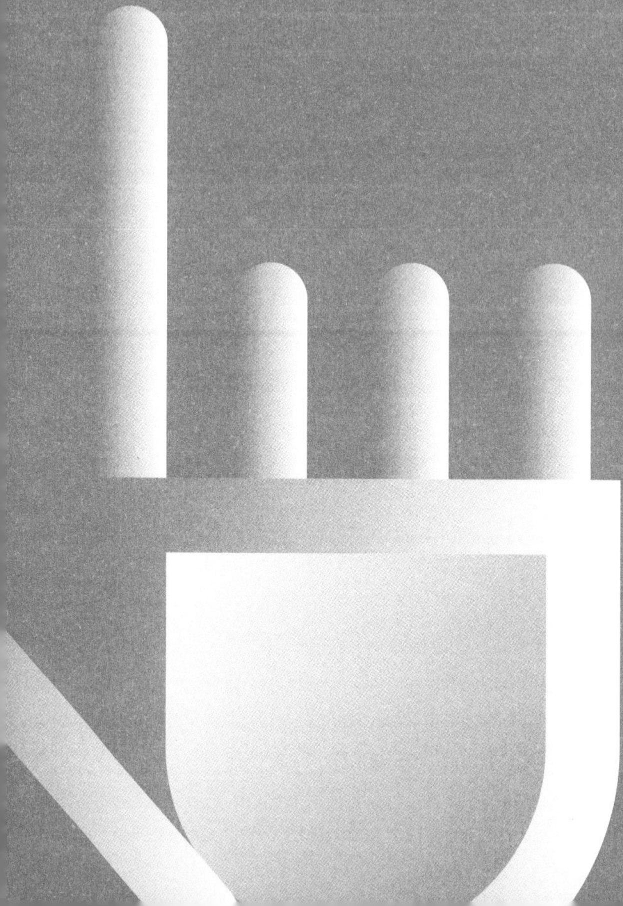

甚麼叫智能社會？

顧名思義，就是你所處的環境具備了智能，我們可以把它想像成這樣一幅畫面：將一輛家用汽車和《變形金剛》裡的汽車人放在一起比較，同樣是鋼鐵組裝出來的，家用汽車沒有生命，但汽車人可以通過攝像頭、傳感器等看到周圍，和我們對話，是宇宙裡的高等文明。

智能社會到底是甚麼樣子的呢？

讓我們坐上時光機器，來到 2040 年的某一個普通的早晨。此時的你已經是個大人了，媽媽再也不會用「獅子吼」喊你起床了。

你是被智能睡眠監測儀喚醒的，這是一個小巧的手環，呈藍色，它一整夜都在監測你的睡眠質量，並決定何時喚醒你。你一走進浴室，只聽「嘀」的一聲，一縷光閃

過，鏡子上的虹膜識別系統啟動。虹膜是人眼球中的一層組織結構，每個人的虹膜都不同，所以可以用來識別身份。這是一天中最早的一次識別，也意味着新的一天開始了。這時候，家裡大大小小的智能設備都接收到啟動的指令：掃地機器人開始工作，窗簾自動開啟，空調進入新風模式。

你剛坐上洗手間的「多功能座椅」，機械手便遞過來一支已經擠滿了牙膏的牙刷。

你一刷完牙，鏡子立刻用非常溫柔的聲音提醒你：「主人，請與我對視 5 秒。」如果你在四川，它也很可能用鄉音對你說：「娃兒，看到起 5 秒。」

你照做後，鏡子就如同一面顯示屏一樣，彈出了一串數據，這是你的各項生理健康參數和指標，你快速掃了一眼：昨晚睡覺翻身 5 次，心跳和血壓狀況穩定無波動⋯⋯你的個人生理信息，每天都會被上傳到一個龐大的雲計算平台上。平台對這些數據進行處理和分析，對一些可能的疾病做出預警，並把一些關鍵數據提交給你的家庭醫生。這就相當於你每天都做了一次體檢。

每當這個時候，你與鏡子之間都會有短暫的對話。

「主人，您的眼球充血，數據顯示您昨天睡眠不足，腦電波活躍，做噩夢的可能性為 80%。」

「沒有，我只是感覺有點兒累，我覺得你胡說八道的可能性為 80%。」

鏡子「嘀」了一聲表示不同意。

「建議喝杯果汁補充一下維生素。」

「好的。」

話音剛落，室內機器人就屁顛兒屁顛兒地忙着準備鮮榨果汁。

廚衞中控系統則詢問你的早餐食譜，你只需輕聲表示同意，廚房裡的 4 隻機械手就開始啟動。早餐一準備好，機器人就將熱乎乎的食物送到餐桌上。這時候，電視或其他播放設備就自動打開，為你播放你最關注的國際新聞或是你最喜歡的鋼琴曲。

接着你要出門，可能是去上班，也可能是去打球。在機器人普及的時代，運動也是工作的一部分。一輛無人駕駛出租車已經按時到達你家的門口。你一離開，家裡的體感傳感器就感知到了，房間便進入了無人節電安全模式。

因為沒有司機的成本，出租車的價格相較於今天，已

經便宜很多。你在車上可以辦公、開會和處理個人事務。路上沒有一名交警，你也不用操心路線問題，人工智能將會為你選擇最佳路線。所有車輛有序地行駛着，絲毫不會出現擁堵。將你送達目的地之後，出租車就會自動離開。這些車不停地在路上行駛着，滿足市民的出行需求。

到達公司後，你不需要停留駐足，公司大門處的打卡機會自動對你的面部進行掃描識別，顯示打卡成功。等進了電梯，電梯裡的顯示屏立刻提醒你：有您的快遞還沒有領取。

晚上六點半，當你回到家裡，智能家居系統已經把大部分家務幹完了，並且切好水果。你要做的，就是等待晚飯上桌。當然，這也會由機器人完成。

看起來，這所有的一切都是如此美好，令人嚮往。

但在這無限美好的背後，也蘊藏着巨大的風險。

對於這種風險，幾乎每一天，世界各大媒體都在討論。

風險之一，就是人類除了享受沒事可幹了。都無人駕駛了，還要司機做甚麼？交警也得失業，飯店服務員肯定更不需要了，因為這些事機器人就能幹，而且不知疲倦。人類的許多工作崗位正在消失，經濟學家稱之為「技術性

失業」，意思就是因為技術進步而失業。當然，人工智能也在創造新的工作，人類需要新的數據科學家、軟件程序員，但新增工作的數量和速度遠遠比不上舊有工作被取代的數量和速度。

不久的將來，人工智能會把人類文明推向一個工廠裡再也找不到工人的境界，這絕非危言聳聽。事實上，目前在世界各地，已經出現了很多無人工廠，它們也被形象地稱為「黑燈工廠」。整個工廠完全自動化，不需要人的參與，因此也不需要燈光和照明。機器在黑暗中運行，日夜不停，看不到一個人影。除了無人工廠，還有無人收費站、無人超市、無人電影院等。

這意味着，越來越多的人將加入失業的隊伍中去。

有很多人都在擔心這種情況會出現，2017 年 10 月，《紐約客》（*The New Yorker*）雜誌採用了一幅圖作為封面：機器人在街道上忙碌地行走，它們來去匆匆，失去了工作的人類正坐在街道一旁可憐地乞討，偶爾也有機器人大發善心，施捨給人類幾個硬幣。

如果一個人沒有固定的工作，就意味着他沒有固定的收入，沒有足夠的金錢，那他拿甚麼買食物、買房子、交

水電費、看病和養育孩子呢？又拿甚麼購買這些昂貴的機器人，維持它們的運作呢？

人工智能將取代人類的工作，世界上很多研究機構都已經發佈了這樣的預測性報告。

2017 年，普華永道會計師事務所在一份報告當中預測，到 2030 年，美國的工作崗位將減少 38%，這一比例比德國的 35%、英國的 30%、日本的 21% 都要高。作為發達國家的美國，將會首先遭遇人工智能的衝擊。

2019 年 9 月，麥肯錫全球研究院發佈了一個研究報告說，因為人工智能，全球將迎來職業大變遷的時代。到 2030 年，全球 4 億—8 億人口的工作崗位將被機器取代，其中中國佔 1 億。這裡面可能就有你，你的親人、朋友，或者你熟悉的同學。

不僅工廠，甚至戰場也將發生極大的改變。

人類的戰爭由來已久，一開始是為食物而戰，比如遠古時代的人類原始部落，每天想的是如何填飽肚子。後來是為搶地盤而戰，比如我們熟知的春秋戰國、三國時期，你爭我奪。幾千年以來，戰爭武器也發生了很多變化，從

古代的大刀、長矛、弓箭等冷兵器到戰機、大炮和坦克這樣的熱兵器，人類的武器一直在進化。但這一次，可能出現終極戰爭武器——機器人部隊。機器人大軍將像螞蟻軍團一樣席捲而過，戰爭的主體從此由人變成了機器。戰場上還可能有少量的「人」，但他們不是士兵，而是數據科學家或者程序員，他們負責整理數據、開發算法，以及通過計算機下達命令。

表面上看，未來的戰爭是機器人之間的戰爭，不會帶來人員的傷亡。可這種變化真的是好事嗎？如果機器人士兵被一些懂得算法的恐怖分子劫持，那會對世界造成多大的破壞呢？

不得不承認，要說清楚人工智能給人類生活帶來的好處和便利，我們需要十分豐富的想像力。但無論多麼豐富的想像力，我們可能還是低估了這個新時代的風險。

最悲觀的莫過於末世論。英國著名的物理學家霍金，在接受公開採訪時曾斷言：「人工智能的全面開發可能會使人類走向自我滅亡的道路。」是呀，一旦機器人向人類開戰，赤手空拳的人類如何能抵擋機器人的鋼拳鐵甲呢？

如果這樣的話，算不算人類自己挖了一個坑然後往裡

跳，自食其果，自取滅亡呢？

美國著名的企業家比爾・蓋茨（我們現在的計算機操作系統 Windows 就來自比爾・蓋茨的微軟公司）在談到人工智能時表示：「我屬於擔心超級人工智能的一方……我不明白為甚麼有的人一點兒都不擔心。」

他們擔心的是機器人的能力將超出人類。在人類歷史上，人類曾經對照鳥，造出了飛機，飛機飛得比鳥不知道要高多少、遠多少；人類對照馬車，造出了汽車，汽車又不知道比馬車要強大多少。可是這些東西被反超，我們不驚反喜，因為我們很清楚它們都是工具，不用擔心飛機或汽車有一天會把人殺了。可這一次完全不同，這次我們對照人，會不會造出一種比普通人要強大很多的機器怪獸呢？

有人反駁說，機器人既然是人造的，人類就肯定能控制它，為甚麼我們要感到害怕呢？人根本不可能造出比人本身還厲害的東西。又有人提出，這句話只說對了一半。製造機器人的科學家很聰明，他們總能想到辦法解決問題，機器人可能確實超越不了科學家，但那些不如科學家聰明、也不如他們能幹的人怎麼辦？機器人是不是可以超越很多普通人，進而控制、奴役一部分人，甚至人類的絕

大部分？你是比機器人更能打，還是更擅長思考？很多人參觀了最新的機器人工廠，馬上感歎沒有信心了。

當然，也有人爭辯說，人類不會面臨大規模的失業，相反，人類迎來的將是「解放」。因為人工智能的高效，人類未來可以一週只工作三四天，甚至更少。人類將從「衣食住行」的奔波當中徹底解放出來，回歸上帝的「伊甸園」。他們將有更多的閒暇時間，沒事的時候讀讀小說，唱唱動人的歌曲，欣賞曼妙的舞蹈，進行更多的藝術創作，盡情地享受生活。

還有人主張，即使機器替代不了你，未來也會進入一個人機協同的時代，你會有很多機器人同事，你必須學會如何與它們一起親密地工作。

這也意味着，人類必須升級。

所有這些想像和爭議，都直指一個問題，那就是機器到底能不能和人類一樣具備智能，從而代替人類甚至超越人類。

人類對這個問題的思考，甚至比人工智能這門學科誕生的時間還要早。最早的、最具標誌意義的探索，源於英國的數學家和邏輯學家艾倫·圖靈（1912—1954）。

Chapter 2

圖靈測試：偽裝者還是笑話？

傳奇人生

智能，曾經被認為是人類獨有的能力。關於這一點，我們仔細觀察一下動物就能有所體會，一隻再聰明的狗，它們的智商也讓人着急。最聰明的動物據說是海豚，一隻成年海豚的智商相當於 6—7 歲的兒童，僅此而已。

如何判斷機器是否具有和人類相當的智能呢？

這就不得不提到人工智能史上一位偉大的人物 —— 艾倫·圖靈。

圖靈的一生充滿了戲劇色彩。除了在計算機和人工智能領域有突出貢獻，他還是一位密碼學專家。

1966 年，美國計算機協會（ACM）以圖靈的名字設立了圖靈

獎，以表彰在計算機科學中做出重大貢獻的人，這個獎已經成為全世界計算機領域的最高獎。

時間回到 1939 年的第二次世界大戰期間。當時的德國艦隊在大西洋海域橫行霸道，英軍運送糧食的船隻總是被擊沉，損失不可計數。當時所有人都認為，大西洋上的德國潛艇是盟軍最大的威脅。因為沒有食物補給，部隊經常捱餓。正在英國擔任研究員的圖靈和很多高智商的青年，一起接到了破解德軍密碼的任務。

德軍擁有一個代號為「恩尼格瑪」（Enigma，希臘文，意為「謎語」）的密碼系統。恩尼格瑪的原理，就是把每一個要發送的字母用其他字母替代。比如，你可以將字母「D」輸入機器中，機器通過幾個轉軸所連電路的轉換，將字母「D」依次轉變成為「R」「U」「K」。也就是說，經過複雜規則的轉換，「K」才是最終要發送的字母。恩尼格瑪的密碼規則還可以不斷變化。密碼機中間的輪子都是可以轉動的，隨着轉動的角度不同，連接的線路不同，所得到的字母順序也是不同的。轉動的輪子能夠形成數目巨大的排列組合，這次是 DRUK，下次可能就是 DRUX，再

下次還可能是 DKCT……由不同的人輪班掌握，號稱不可破解。

面對這樣一個精密至極、無懈可擊的密碼系統，盟軍無計可施，德軍更加有恃無恐。當時的納粹元首希特拉甚至可以用恩尼格瑪密碼機與戰場上的軍官直接對話，完全無視盟軍的存在。

圖靈的天賦很快派上了用場，他在這個人才濟濟的團隊裡有了一個新的綽號——教授，這是一個象徵能力超群的暱稱。在他的帶領下，密碼破譯機「Bombe」在 1941 年橫空出世。圖靈完成了一台相當於 3 台恩尼格瑪密碼機的破譯機製作，3 台機器環形相連，可以在幾分鐘內破解出一條密語。

這台密碼破譯機，幫助盟軍擊沉了俾斯麥號戰艦。從此，英國艦隊可以在大西洋上安全地航行。幾行代碼，堪敵百萬雄兵。在戰爭的底色下，高冷的數學找到了最鮮活的意義。邱吉爾在回憶錄中曾這樣評價：「作為破譯了德軍密碼的英雄，圖靈為盟軍取得二戰的最終勝利做出了巨大貢獻。」

1950 年，圖靈提出了一個方法，一群人和一台機器分

別在不同的房間，他們通過鍵盤和顯示器進行對話，只要有 30% 的人類測試者在 5 分鐘之內無法辨別和自己對話的是人還是機器，那麼這台機器就通過了測試，可以被認為有智能。

這就是著名的圖靈測試。圖靈當年預言，到 2000 年，一定會有機器通過圖靈測試。

從 1990 年開始，全世界每年都舉行圖靈測試大賽。

現實比圖靈的預測遲到了 14 年。

2014 年 6 月 7 日，在英國皇家學會舉行的「2014 圖靈測試」大會上，舉辦方宣佈一款名為尤金的軟件通過了圖靈測試，這款軟件是俄羅斯人開發的。尤金宣稱自己是一名 13 歲的少年，它模仿一個調皮的少年和人類進行對話，成功地騙過了 30 名裁判當中的 10 名，而 10 名裁判大約佔全部人類測試者的 33%，超出了當年圖靈定義的 30%。

能成功騙過人，這可不容易。你想想，如果在對話中，有一個人問，89789 乘以 345928 等於多少？對計算機而言，它可能幾毫秒就能給出答案，但人可能就要幾十秒甚至更久，可能還會算錯。機器要真的具備智能，要在圖靈測試中讓人相信它是人，它就必須「有意」拖延一點兒

時間，隱瞞自己算得又快又準的事實。仔細想想，這個「有意」是不是很可怕？

反對者

但即使機器聰明到會偽裝，通過了圖靈測試，很多人仍然堅持認為這樣的機器不具備智能。

為了說明其中的道理，1980 年，美國哲學家塞爾設計了一個新的實驗，叫「中文房間」。

一個只懂英語、不懂中文的人被鎖在一個房間裡，這個房間除了兩側各有一個小窗口以外，其他地方都是封閉的。有人在外面提問，將這些問題用中文寫在紙條上，通過小窗口送進這個房間。房間裡的人不懂中文，但他有一本事先由專家編好的、非常完備的中英文翻譯對照表，房間裡還有稿紙和筆。他可以利用這些工具來翻譯送進來的問題，然後把寫有中文的答案從另外一側的小窗口送出去。

雖然這個人完全不懂中文，但奇怪的是，外面的人總是可以得到一個語法還算正確、邏輯也挺合理的回答。愛動腦子的你可能想到了，秘密就藏在那本中英文翻譯對照

表上，一個對中文一竅不通的外國人，照樣可以通過查表的方式理解它的意思。可外面的人不知道，還誤以為房間裡坐着一位中文專家。

這意味着房間裡的人真的懂中文嗎？他也許只是懂得如何查閱工具書而已。

這樣的人到底算不算中文專家？要是問你，你會不假思索地回答「不」。可如果這個人和中英文翻譯對照表加起來，即把這個房間作為一個整體，又算不算懂中文呢？

你的答案還是「不」嗎？你是不是認為房間裡的人不是真正理解中文，而是在處理一個又一個陌生的符號，他並沒有理解符號本身的意思？這恰恰就是塞爾設計這個實驗的本意，他想說明的正是同一個道理：會翻譯不代表他懂中文，同樣，即使計算機持續、正確地回答了全部的問題，也不等於計算機真正理解了這些符號的意思，更不能說理解了這些問題。

塞爾的意思，我們大體上是明白了，機器是通過查表對照來回答問題的，不過是照本宣科而已。工具書裡有的，它才查得出來，工具書裡沒有的，它可以通過推論的方式得到，關鍵要有一本好的工具書。所以，即使通過了

圖靈測試，也只能說明它有一本超級好、超級全面的工具書，不能認為它就有智能。在這個案例裡，這個作為整體的房間就是塞爾口中的機器。

我們來看看這樣的機器是怎樣回答問題的。

在計算機裡面，所有的文字、數字都是用二進制來表達的，即用「0」和「1」的不同組合來表達。例如，大寫的 A，它的代碼是 01000001；數字 3，它的代碼是 00000011，為了不造成混亂，國際標準化組織統一了這組編碼，稱之為 ASCII 編碼。中文的每個漢字也有固定的編碼，每一個問題，都是由一個字母和一組數字組成的，如在圖靈測試中，你會問：

你是一名 13 歲的學生嗎？

相應的英文是：Are you a 13-year-old student？

下面這個表列出了這句話當中部分字母和漢字的 ASCII 編碼。也就是說，「0」和「1」是以這樣的形式保存在計算機裡的。

英文	A	R	E	Y
二進制	0100 0001	0101 0010	0100 0101	0101 1001
中文	你	是	一	名
二進制	0100 1111 0110 0000	0110 0110 0010 1111	0100 1110 0000 0000	0101 0100 0000 1101
十六進制	4F60	662F	4E00	540D

英文	O	U	A	……
二進制	0100 1111	0101 0101	0100 0001	……
中文	1	3	歲	……
二進制	0000 0000 0011 0001	0000 0000 0011 0011	0101 1100 1000 0001	……
十六進制	31	33	5C81	……

　　要讓一台機器通過圖靈測試，可以用一個最笨的方法，把人類所有可能要問的問題及答案事先用 ASCII 編碼保存下來，就像「中文房間」實驗中的中英文翻譯對照表，等到人類發問的時候，機器可以通過查表的方式找到答案。

　　那你會問，世界上的問題無窮無盡，你能事先都把答案保留下來嗎？

　　這的確是個好問題。不過，先別忘了，圖靈測試的時

間只有 5 分鐘。事實上，人類在 1 分鐘之內可能連 10 個問題都問不到，5 分鐘最多問 50 個問題。這實在是個非常微小的量。更關鍵的是，計算機最擅長的就是保存龐大的數據，它還真有可能把所有的問題和答案都記錄下來，然後保存在計算機裡。事實上，這樣的機器人已經產生了，那就是國際商業機器公司（IBM）製造的沃森，這個機器人在公開的電視大賽當中已經戰勝了人類回答問題的冠軍，後面我們還會提到它。

重新回到上文塞爾的意思，計算機通過查表對照答對所有的問題，從而通過了圖靈測試，如果這就叫具備了智能，這不是一個笑話嗎？但有一點無須爭論，那就是從 2006 年人類發明深度學習的技術開始，越來越多的機器通過了傳統的圖靈測試。原因很簡單，工具書越來越豐富了。

為了證明計算機不可能擁有智能，有科學家提出了新的測試標準。例如，把圖靈測試反過來，即把機器鎖在一個房間裡，它必須確認在外面和它交流的是機器還是人類。這聽起來更難，但除了增加難度外，看起來似乎毫無意義。還有科學家提出，人類最重要的特質就是會創新，如寫詩作畫，可以讓機器嘗試寫詩作畫，當機器的作品和

人類的作品放在一起不相上下，人類無法區分的時候，就可以算機器通過了測試，具備了智能。

吟詩作畫我都行

這個主意不錯，還真的有科學家在做。不如就從我們最熟悉的唐詩、宋詞開始。

中國是詩歌古國，也是詩歌大國。《全唐詩》這本書是這樣介紹「自己」的：「得詩歌四萬九千四百餘首，作者二千八百餘人。」共計 900 卷，可見中國古詩的豐富多彩。清朝乾隆皇帝一生寫詩 4 萬多首，差一點兒就在數量上勝過《全唐詩》。那麼機器人能否贏得了乾隆呢？

清華大學孫茂松教授帶領團隊歷時 3 年研發了名為「九歌」的作詩機器人，他們讓九歌學習了中國古代數千名詩人的 30 多萬首詩歌。2017 年 12 月，在中央電視台黃金檔節目《機智過人》中，九歌與 3 位真正的詩人一起作詩，由 48 位投票團成員判斷哪首為機器人所作，結果九歌成功地混淆視聽，先後淘汰了兩位資深人類詩人。

下面，我們來欣賞一下九歌在節目現場作的詩。

一是以「心有靈犀一點通」為第一句作的集句詩：

心有靈犀一點通，小樓昨夜又東風。

無情不似多情苦，鏡裡空嗟兩鬢蓬。

二是以「靜夜思」為題作的五言絕句：

月明清影裡，露冷綠樽前。

賴有佳人意，依然似故年。

這兩首小詩絕對是既工整，又富有詩意。

是不是有點兒自歎不如，驚為天人的感覺？如果你在現場讀到這些詩，你能判斷出來這是機器人的作品嗎？

我想，別說是我們，恐怕李白來了都很難下結論。

我們再來看看乾隆皇帝的詩作。乾隆皇帝酷愛寫詩，愛到甚麼地步呢？有事沒事都寫詩，吃個黃瓜寫首詩，登個閣樓寫首詩，上個廁所也寫首詩。

《觀採茶作歌》是乾隆創作的一首七言詩。這首詩拖沓冗長，讓人簡直讀不下去，詩的前四句是這樣寫的：

前日採茶我不喜，率緣供覽官經理；

今日採茶我愛觀，吳民生計勤自然。

大意是，以前採茶我很不高興，只因為那是官家籌劃的，採來也是供賞玩的；如今採茶我喜歡到處看，只因為是老百姓採茶，他們為了生計而辛勤勞作。乾隆說的自然沒錯，問題是它缺乏詩意，它應該出現在一篇記敘文中，不應該出現在詩中。用錢鍾書先生的話說，這就是「以文為詩」了。顯然，把一句話敲成四截，那不叫詩，最多也只能叫打油詩。

　　這水平嘛，沒有對比就沒有傷害，我們至少知道了九歌的實力，對語言文學藝術的理解與領悟遠遠超出了那位清朝皇帝。

　　說完寫詩，再說作畫。2014 年，微軟公司推出了它的機器人「小冰」。小冰不僅會寫詩，還會畫畫。2019 年 8 月，微軟公司在北京發佈了第七代小冰。這位機器人畫家出生之後，在 22 個月的時間裡學習了 400 年藝術史上 236 位著名畫家的 5000 多幅畫作。2019 年 7 月 13 日，小冰在中央美術學院舉辦了首次個人畫展「或然世界」。小冰畫畫不是對已有圖像的複製和拼貼，而是百分之百的原創。

　　2018 年 10 月 25 日，佳士得拍賣行在紐約以 43.25 萬美元（約

300 萬元人民幣）的價格售出了一幅由人工智能繪製的畫作，作者來自一家法國人工智能藝術公司。

這樣看來，相比於傳統的圖靈測試，新的測試方法當然門檻更高、更複雜，但從目前的情況看，機器人還是可以突破這些測試的。不過，仍然有很多科學家執着地認為，即使計算機可以在對話中騙過人類，即使它可以吟詩作畫，還是不能算具備智能。他們的核心理由是，機器人沒有生命和自我意識。

他們認為，生命和自我意識才是智能的前提。

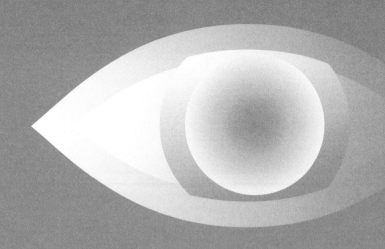

Chapter 3
從海豚文明到機器人

我們不一樣

你相信要先有生命和自我意識才能有智能嗎？

如果我們回答「是」，那開發人工智能的最佳路徑應該是去訓練動物。

人類對動物的馴化已經有上萬年的歷史了，有些動物因此成為家畜、家禽，如狗、豬、貓、雞等，但這些動物的智商目前都極為有限。在所有的動物裡面，海豚幾乎是最聰明的，正是因為它們聰明，可以學會複雜的動作，世界各地的海洋館都有它們的專場表演，雖然這並不符合動物保護理念。

海豚聰明有三大證明，一是它們的大腦，無論是體積還是質量，佔整個身體的比例都很大，生物學家已經發

現，大腦佔身體的比例大小是衡量生物智商高低的一個重要標誌，海豚的這個比例僅次於人類；二是海豚可以通過鏡子測試，具有自我意識；三是海豚會使用工具。

我們知道，會不會使用工具是人類發展的一個分水嶺，它把我們的祖先智人和猿猴區分開來，也被認為是是否具有智能的「試金石」。海豚在尋找食物的時候，會花很長時間來尋找一塊合適的海綿，吸附於它們的鼻尖之上，用來保護它們不受海底泥沙的傷害。海豚在捕食時甚至會和漁民進行「合作」：它們將成群結隊的魚趕到沙灘附近，然後等漁民撒網，企圖逃跑的魚則會直接游進在一旁等待的海豚嘴裡。

 鏡子測試

鏡子是再平常不過的日用品，但在研究動物是否具有自我意識時，它可以幫上大忙。動物學家們認為，能認得出鏡子中的自己，就具有了一定程度的自我意識；反之，則不具備自我意識。

要做鏡子測試，先要把動物麻醉，在它們的腦門或者身體

上畫個彩色的標記，等動物醒來之後，再把鏡子放到它們的面前。如果它們能夠在鏡子中發現自己的異常，並試圖去觸碰那個標記，則表明它們清楚鏡子裡的就是自己，這就證明了它們具有一定的自我意識。

能通過鏡子測試的動物屈指可數，雞、鴨、貓和狗都通不過，即使是人，也得到一歲半才能通過，但海豚通過了。

如果我們確認，只有具有生命的個體才能具備智能，那我們要開發除了人類以外的新智能，最好的方法就是去訓練海豚這樣的動物。

怎樣訓練呢？

文明的產生和進步源於人類記錄的能力。海豚和人類最大的不同就在於，海豚雖然有智能，可以用一些動作來表達意思，但它們不能記錄，因為海洋之中無法留下痕跡。而遠古的人類，就會用刻痕、壁畫來記錄，沒有類似於壁畫的記錄，海豚就無法把知識傳遞給後代，它們的智能就無法得到進一步的發展。這個重要結論在《一小時看懂大數據》裡將會提到。

也就是說，聰明的海豚生活在海裡，這就是一個巨大

的不利因素。

　　如果生命是智能的前提，我們就應該用發展人工智能的熱情和精力來幫助海豚。例如，我們可以在海洋之中設置一塊供海豚使用的觸摸屏，給它們配備一些用鼻子摩擦就能留下痕跡的裝置，說不定海豚就能在反覆學習中學會如何留下痕跡，然後發明海豚的語言和文字。文字的出現就是一個轉折點，海豚文明可能就此誕生了。

　　這看起來是不是很有想像力？

　　於是地球上出現了兩種文明：海豚文明和人類文明，分別位於海洋和大陸。海豚掌管海洋，人類掌管大陸，二者可以和平共處、通力合作，共同建設美好的地球家園。

　　和海豚同樣聰明的，還有陸地上的黑猩猩。接下來，我們可以如法炮製，用現代化的方法和工具去培訓它們，開發它們的智能，未來可以讓它們掌管山林。

　　地球上所有的生物，包括人類，都是由碳元素組成的有機體，稱為碳基文明；而計算機是由硅組成的，稱為硅基文明，這兩者截然不同。如果我們認為，唯有碳基文明才能產生智能，那就應該去訓練動物，或者在試管當中培育新的智能生物。假設有一天動物獲得了更高的智能，人

類將和它們共同統治地球，你覺得這算不算人工智能呢？

探討到這裡，相信你已經有了答案，即使動物有可能獲得和人類匹敵的智能，它們也代替不了我們今天對機器人的研究和渴望，人類需要的正是沒有生命和自我意識的機器人。

人工智能不同於人類的智能，所以我們才加上「人工」兩個字。所謂的人工智能，就是通過機器來模擬人類認知能力的技術，也可以把它理解為一個計算機程序。和傳統程序不同的是，它更加聰明，不需要以生命和自我意識為前提，它也不需要真正理解人類的問題，它可以通過查表等方式完成任務。它長甚麼模樣也不重要，可以是方的，也可以是圓的。我們最關心的是它能否給予我們切實有效的幫助。當然，我們可以把這個程序包裝起來，把它打造成帥哥或者美女的樣子，甚至可以和你最喜歡的朋友長得一樣，我們叫它機器人。

但也僅此而已，這並不意味着，它是一個自主的人。

作家的奇思妙想

說到人類製造機器人的夢想，已經有上百年的歷史了。

有趣的是，最早創造「機器人（Robot）」這個概念的，不是科學家，而是一位作家。

1920 年，捷克斯洛伐克著名作家卡雷爾·恰佩克（1890—1938）發表了科學幻想劇 ——《羅素姆的萬能機器人》。在這部戲劇中，一位名叫羅素姆的哲學家研製出了一種人形機器「Robot」，它既沒有感情，也沒有思想，它在工廠裡工作，不需要報酬，因此被資本家大批量複製。

這個故事的開頭不用想也知道，如果你是老闆，你是願意雇用一個永不抱怨、從不請假，也從來不和同事吵架、不用買保險的機器人，還是雇用人類呢？

結果卻出人意料。隨着機器人越來越多，老闆們開始不滿足於功能簡單、只能從事體力勞動的機器人了。一名工程師突然發現了如何將情緒注入機器人的方法，一旦機器人感覺到了苦和痛，它們就開始反抗，結果人類打不過機器人，被機器人征服了。

沒錯，「機器人」一詞的產生，既不在實驗室，也無

關真正的科學，純屬文學想像。這些天馬行空的想像，就是機器人最早的發源。「Robot」一詞，就源於捷克語Robota，意思就是苦役、苦工，指代進行繁重任務的體力勞動者。

但作者沒想到的是，這部戲劇竟然為後世做了一個深遠的設定，即機器人可以戰勝人類。這個設定隨後被世界各地的電影導演毫不猶豫地拿來用了，幾乎所有關於機器人的電影，都會描繪這樣一種非常嚴峻的形勢和挑戰：機器人很厲害，它們將產生情感和意識，繼而征服人類，統治世界。

不幸的是，我們很多人對於人工智能的啟蒙，都是從科幻電影當中獲得的，這些電影中的機器人無一例外，個個能力超群、手眼通天、上天入地、無所不能，影片的最後，冷冰冰的人形鋼鐵在和人類的相處中不斷進化，最終獲得了意識和生命。

但文學不等於科學。

今天，《不列顛百科全書》是這樣定義「機器人」的：任何可以替代人類勞動力的機械裝置，可能不具備人類的外觀。這就是說，廣泛意義上的機器人，是幫助人類、替

代人類勞動的機械工具，它長得可以不像人。按這個標準，無論是 20 世紀發明的洗衣機、推土機，還是最近幾年發明的掃地機器人，甚至是中國三國時期的諸葛亮發明的木牛流馬，都可以被稱為機器人。

它們之間的區別僅僅是機械化、智能化程度不同而已。

機器人三大定律

當然，機器人也完全可能具備人類的人形外觀。不僅外觀，它的聲音和行為都可以模仿人類，我們稱這種機器人為人形機器人。注意是人形，而不是人。相比於其他機器人，人形機器人有兩個特點：一是和人一樣會自主移動，即走路，一個活的生命，它的基本要素就是能自由移動，人類也不是一生下來就會走路的，孩子至少要一歲才會走路，所以機器人會走路，就會給我們以人的感覺；二是可以像人類一樣說話、思考和決策。

機器人，就是會走路、會說話、有一定自主思考能力的機器，它主要由兩部分組成：

一是軀體，即機械外殼，它由齒輪、軸承等不同的

機械體組成，通過傳感器和大腦相連，在得到具體的指令之後，軀體可以執行很多任務，軀體的生產和設計涉及力學、控制和軟件等多個領域。

二是眼睛、耳朵和大腦，它由數據和算法構成，通過不斷收集數據、推理、規劃、感知來模擬人的決策行為。

說到這裡，我們要明確一點，那就是人工智能≠機器人。準確地說，人工智能涵蓋的範圍要比機器人大，人工智能是一系列的技術，機器人只是這一系列技術中的一個應用，一個實體的產品。

人工智能 > 機器人。

先來看看機器人產業的最新發展。

案例 1：大狗機器人

大狗機器人擁有 4 條腿，身高 1 米，重 109 千克，有 16 個關節點，全身配有很多傳感器，包括雷達和立體視覺，大小和一隻大型犬或者一匹小騾子相似。大狗機器人前進的速度可達 10 千米 / 時，行走起來和動物非常相似。它可以在碎石地面、泥濘地區、雪地及淺水中行走，還可以攀爬 35 度的坡面，最大負載 150 千克。

案例 2：野貓機器人

它和大狗機器人類似，但跑得更快，可以達到 32 千米 / 時（普通人一小時大約跑 10 千米），是目前世界上速度最快的四足機器人，會小跑、快跑和跳躍。

案例 3：Spot 家庭機器人

它身高 0.84 米，重 30 千克，最大負載 14 千克，採用 3D 視覺系統，全身有 17 個關節點。利用電池供電，十分安靜，適用於辦公室和家庭。它能自主導航、自由抓取物體，還能開門，如果需要滿足特定行業應用，還可以重新設計手臂的負載能力。

案例 4：Atlas 人形機器人

它身高 1.5 米，重 75 千克，最大負載 11 千克，由電池供電，全身有 28 個關節點，配備雷達和立體相機系統。

這是波士頓動力公司開發的一款人形機器人，走起路來的姿態很像人，即使在崎嶇的地方或樓梯上也能行走，非常靈活。它摔倒了可以自己爬起來，還可以完成 360 度後空翻，落地比體操運動員還要穩。

不同的使用環境可以為 Adas 人形機器人配備不同的驅動系統，如搭載武器系統，它就能成為一名士兵；搭載烹飪系統，它就能成為一名廚師。

案例 5：Handle 倉庫機器人

它身高 2 米，重 105 千克，最大負載 15 千克，利用電池供電，全身有 10 個關節點。

這款機器人兼具輪式機器人和腿式機器人的優勢，高度靈活。它專門為物流場景而設計，可以對貨物和箱子實施抓取，並放置到目標地點，完成從托盤上取貨、堆垛和卸貨的任務，將人

類從辛苦的搬運工作中解放出來。

這些都是已經製造出來並經過了無數次試驗的機器人。毫無疑問，近十年來，機器人已經取得了非常大的進步，它們不再是作家筆下的幻想，而是生活中的現實；它們也不再是僵硬的機械、娛樂的玩具，而是柔軟的、彷彿已經點燃生命火焰的生物。我們與機器人共處的時代將很快到來。

技術的發展就像走樓梯一樣，一級一級往上走，所以未來的人工智能不是一個「完美機器人」，而是會一點兒一點兒到來。先是動作的突破，舉手投足越來越像人；然後是形象的突破，擁有人類的五官、皮膚；接着是表情的突破，可以以假亂真；最後可能就是思維的突破了，像人一樣思考。那個時候，我們還能像今天這樣淡定嗎？無論是小說還是電影、電視劇，都對這樣的世界有過非常翔實的描述，有警告和預言，但我們真的做好準備了嗎？比如，下面的這些問題。

問題1：機器人具有超強的能力，意味着有一部分人掌握了超人類、超自然的能力。這可不是普通人和健身房裡

練一身肌肉的壯漢的差別，而是血肉之軀與鋼鐵的較量。掌控機器人的人將會對普通人產生巨大的威脅。那麼問題來了，如果使用機器人意味着個人能力的增強，那麼，哪些人可以獲得這種增強的能力？誰可以使用機器人？甚麼情況下可以使用？

問題 2：如何保證和維持我們對機器人長期而有效的控制？

問題 3：如果機器人執行任務失敗了，誰來承擔責任呢？例如，醫學機器人可以在複雜的手術當中提供幫助，一般情況下，這些手術都會成功，但萬一手術失敗了，機器人應該承擔法律責任嗎？

問題 4：人的本質是甚麼？是靈魂嗎？而靈魂究竟是甚麼？

這些問題由來已久，幾乎「機器人」這個詞語一產生，就開始引起人類的思考了，無論是科學家還是哲學家，都一直沒有找到準確的答案。倒是文學家，在科幻作品當中不斷給人類啟發。1942 年，美國科幻作家阿西莫夫（1920—1992）曾經提出過發展機器人科學的「三大定律」。

第一定律：機器人不得傷害人類，不能看到人類受到

傷害而袖手旁觀。

第二定律：機器人必須服從人類給予的命令，除非這條命令與第一定律相矛盾。

第三定律：只要和第一定律、第二定律沒有衝突，機器人就必須保護自己。

是不是很有趣？很多有關機器人的概念和構想，居然是由作家而不是科學家提出來的。然而，在實際的開發和設計當中，要把握這些定律非常困難。比如，很多人會說，機器人有甚麼可怕的，它要打我，我就拔了它的電源插頭，這不就解決問題了嗎？相信這代表了很大一部分人的觀點，人類掌握着機器人的命門，必定能在關鍵時刻一錘定音。可你有沒有想過，又該由誰來掌控鑰匙，好人嗎？誰來界定誰是好人，誰是壞人？誰又能保證這把鑰匙永遠掌控在人類手中？

這其實就是上面提出的問題 2。

毫無疑問，對機器人來說，電就像食物和水對我們人類一樣重要，人餓了或者累了，就會表現很差，體力和腦力都跟不上，難以做出準確的決定。能源的確是機器人的命門，但是要保證機器人完成任務，就必須保證機器人的

供電，它的供電系統必須是獨立的。也就是說，機器人應該能夠自主地、有意識地補充自己的電能，從而避免系統的崩潰。機器人的獨立性和保證對機器人的長效控制，這就是一對矛盾。怎麼調和？還有人指出，為了避免機器人繁殖，不能讓機器人參與對其他機器人的設計，要永遠保持機器人的開發設計是「純人工」的。這有可能實現嗎？今天，我們用機器人來包餃子、做手機，將來有一天，我們會親力親為，不用機器人去設計、裝配機器人嗎？

　　說到這裡，我們就必須了解人工智能是怎麼出現的，怎麼發展的。它的正式起跑，是源於 1956 年一群年輕人召開的一次會議。

Chapter 4

一次會議：
給未來命名的年輕人

如今，人工智能幾乎成為路人皆知的潮詞，但放在 60 多年前，它還是個公眾十分陌生的詞語。那個時候，計算機的發明才剛剛過去 10 年，如果說人工智能會改變世界，那簡直是癡人說夢。但誰會想到，有一天，人工智能會打敗人類最優秀的圍棋選手，甚至連詩也寫得有模有樣呢？

　　今天人們公認，人工智能作為一個研究領域清晰地出現，是源於 1956 年夏天的美國達特茅斯會議。達特茅斯，是指達特茅斯學院，這是一所非常優秀的小型大學，位於美國東北部的新罕布什爾州。

　　正是這次召開於 60 多年前的會議，打開了一個全新領域的大門。但令人始料不及的是，這次會議是由兩名 29 歲的年輕人發起和組織的。與會的核心人員，後來幾乎都成了各自領域的奠基人，以及圖靈獎得主。這夢幻般的結

局讓人不由得感歎：達特茅斯會議，就是一個未來預言家大會。

會議的核心和靈魂人物是麥卡錫（1927—2011）。這個時候的他，還只是達特茅斯學院的助理教授。美國的助理教授相當於中國的大學講師，是大學裡職位較低的教職。當時，麥卡錫從普林斯頓大學數學系博士畢業剛剛兩年。另一位是麥卡錫在普林斯頓大學的同學明斯基（1927—2016）。這一年他也剛好 29 歲，當時正在哈佛大學擔任助理研究員，跟麥卡錫的情況差不多。

會議提前一年就開始籌備了。要開一個會，需要基本的啟動資金，起碼得給參會人員提供差旅及酒店的住宿費用。這兩個年輕人當時可以說是捉襟見肘，但他們認為，自己手裡攢着的是金子。他們相信人工智能是一門新的科學，從此可以讓機器代替人類決策和工作。這在當時可真是讓人瞠目結舌的大發現，將開創一個新的時代。

沒錢就去找人要！他們一商量，就聯名向洛克菲勒基金會申請資助。這份提案由麥卡錫執筆，提議在第二年召開為期兩個月的人工智能夏季研討會，申請經費 13500 美元。當時，沒幾個人明白「人工智能」是甚麼東西，但美

國人對科學的熱愛彷彿與生俱來，雖然他們也聽不懂麥卡錫的說法，但是他們願意嘗試，願意給年輕人機會。洛克菲勒基金會最終給這個會議提供了 7500 美元的資助。

這次會議的核心成員只有 10 個人，會議磕磕絆絆、開開停停，足足開了兩個月，算上所有曾經到場的參會人員，也不過 20 個人。

作為一名助理教授，麥卡錫在會議上說服了大家使用「人工智能」這個詞來命名一個新領域，其核心含義是，通過計算機軟件合成，製造出和人類一樣的智能。晚年的麥卡錫坦承，「人工智能」的提法並非他首創，只是他曾經在某個地方看到過，具體出自哪裡已經記不清了。他認為這個詞很好，所以極力主張使用。但歷史還是慷慨地把「人工智能之父」的桂冠戴在了他的頭上。

參加會議的核心成員當中，還有一名 29 歲的青年，他叫紐厄爾（1927 — 1992）。開會的時候，他博士還沒有畢業，是和他的老師西蒙（1916 — 2001）一起來參會的。當時西蒙 40 歲，正擔任卡內基-梅隆大學工業管理系的系主任。這一對師生，一共合作了約 40 年。1975 年，他們共同獲得了圖靈獎；3 年後，西蒙又獲得了諾貝爾經濟學獎。

西蒙是 20 世紀最具影響力的科學家之一，他橫跨多個學科和領域，把「交叉性」應用得爐火純青，也碩果累累。1975 年他獲得了圖靈獎，1978 年獲得了諾貝爾經濟學獎，1993 年還獲得了美國心理學會終身成就獎。西蒙的研究是數據挖掘的源頭和起點。今天，我們也把西蒙視為人工智能的重要開拓者之一。

每當讀到這段歷史，我都心潮膨湃，這幾個人無疑是幸運的。因為提出一個名詞，歷史就記住了他們，而乾隆皇帝寫了 4 萬多首詩，也沒能在詩詞界佔據一席之地。歷史選擇在這樣一個時刻將一項重任交給他們，從此人工智能的任何發展都打上了他們的烙印。他們又是令人信服的，他們敢想敢幹，如此年輕就成了一次歷史性會議的組織者，雖然一開始都名不見經傳，但他們最終都有了舉足輕重的成就，見表 1。

達特茅斯會議掀起了人工智能的第一次高潮，與會的大部分成員都認為，人工智能前景光明。西蒙認為，我們離複製人類大腦、解決實際問題能力的時間已經很近了，10 年之內肯定可以實現，用不了 20 年，機器就可以完成人類能做的任何工作。明斯基又補充，我們這代人就能基本

表 1　10 位核心參會人員當時的年齡、身份以及後期的成就

	姓名	與會年齡	當年身份	後期主要成就
1	約翰· 麥卡錫	29	達特茅斯學院助理教授	獲得 1971 年圖靈獎
2	馬文· 明斯基	29	哈佛大學助理研究員	獲得 1969 年圖靈獎
3	納撒尼爾· 羅切斯特	37	IBM 701 設計師	獲得 1984 年 IEEE 計算機先驅獎
4	克勞德· 香農	40	貝爾實驗室的資深科學家	信息論創始人IEEE 榮譽獎章獲得者
5	赫伯特· 西蒙	40	卡內基−梅隆大學工業管理系主任	獲得 1975 年圖靈獎和1978 年諾貝爾經濟學獎
6	艾倫· 紐厄爾	29	卡內基−梅隆大學在讀博士	獲得 1975 年圖靈獎
7	亞瑟· 塞繆爾	55	IBM 電機工程師	機器學習之父IEEE 計算機先驅獎
8	特倫查德· 摩爾	26	達特茅斯學院教授	參加了 IBM 機器人沃森的研究開發
9	雷· 所羅門諾夫	30	芝加哥大學在讀博士，電子行業兼職	發明歸納推理機算法信息理論之父
10	奧利弗· 塞弗里奇	30	在麻省理工從事模式識別工作	模式識別奠基人

解決創造人工智能的問題。

　　看上去前途光明，越來越好，撸起袖子加油幹吧！

　　但事實證明，他們都過於樂觀了，人工智能畢竟不是

魔法師手中的魔法棒，揮揮手就能搞定。在接下來的 20 年中，人工智能取得了一些成果，但西蒙和明斯基的預言，卻遲遲無法兌現。到了 20 世紀 70 年代，項目接二連三地失敗，重大預期目標也落空了，人工智能開始遭到批判，各國政府陸續停止向人工智能項目撥款，人工智能的發展跌入了第一個低谷。

Chapter 5
我們挖了一個坑，和另一個坑

人工智能的概念誕生之初，人類認為只要賦予機器邏輯和推理的能力，機器就能具備一定的智能，輔助或代替人類做出判斷。所以，早期的研究以數理邏輯為主流，以證明數學公式和定理為己任。但隨着研究的推進，人們逐漸認識到，僅僅具有邏輯推理，計算機的能力還遠遠不夠。

那還缺少甚麼呢？這時候，費根鮑姆出現了，他提出的「專家系統」，引領人工智能走向了第二次高潮。

費根鮑姆認為，機器要具備智能，僅僅擁有推理能力是不夠的，它還必須擁有大量的知識。把這些知識放到一起，叫作知識庫，它可以幫助進行邏輯推理、制定規則。根據規則，計算機可以自動從一個站點到達下一個站點，做出決策。簡單來講，就是不僅要講道理，還要有文化。

費根鮑姆 1 歲的時候，生父就去世了，他的繼父是一個食品店的會計，常常使用一台笨重的計算器算賬。20 世紀 40 年代的計算器還相當大，這引起了少年費根鮑姆極大的好奇與興趣。1952 年，16 歲的費根鮑姆來到卡內基－梅隆大學，在這裡，他碰到了我們前文反覆提到的西蒙。他跟隨西蒙教授讀完了博士，後來加入了斯坦福大學，在那裡建立了當時第一個知識系統實驗室，開始了人工智能的學術研究之路。但當時的費根鮑姆完全沒有想到，他開創了一個新的時代。

這之後，知識庫開始興起，大量的專家系統問世，人工智能進入了「邏輯推理＋專家知識＝規則」的新階段。

在費根鮑姆的領導下，斯坦福大學接連開發了好幾個當時著名的專家系統。1984 年，他們開發了一個輔助醫生研究血液傳染病的系統（MYCIN），然後模擬醫生開出藥方。費根鮑姆利用「知識＋邏輯」，制定了 400 多條規則，它可以和醫生對答，然後給出答案。例如：

如果患者已經確診為腦膜炎，
如果感染類型為真菌，

如果患者到過球孢子菌盛行的地區，

如果腦髓液檢測中的隱球菌抗原不是陽性，

那麼，隱球菌就有 50% 的可能並非是造成感染的有機物之一。

可以看出來，專家系統就是把世界上某一個問題可能出現的情境用「如果……那麼……」一一羅列出來。它們表現為規則，一條規則沒甚麼了不起，但有幾百條、幾千條，甚至幾萬條規則，就可以回答這個領域的絕大多數問題了。在構建規則之前，程序員和領域專家必須進行密集的討論，把一個領域所有的知識梳理成一條條獨立分離的規則，再用這些規則搭建成為一個「事實」的整體，就像蓋房子一樣，開發這些規則的過程稱為知識工程，所以他們也被稱為知識工程師。

當這些規則在使用者面前呈現出來的時候，會令使用者非常驚訝，因為沒有一個人可以記住並且使用這麼多規則。當 MYCIN 這個專家系統面世的時候，就有醫生驚歎，它怎麼甚麼都知道，就像是人工生成的血液傳染病博士。

後來，斯坦福大學把 MYCIN 專家系統作為一個培訓

工具向實習醫生開放，幫助實習醫生盡快地掌握日常工作當中所需要的知識。例如，實習醫生和系統之間會有這樣的對話：

系統：病人年齡多大？

醫生：為甚麼要問年齡？

系統：這有助於我們決定病人是否適合做手術。

根據規則 057 號：如果患者年齡超過了 80 歲且身體比較虛弱，那就不適合作開胸手術。

作為人工智能最為成功的應用，專家系統也在工業領域得到了廣泛應用。一個最著名的例子是卡內基－梅隆大學開發的一個程序，它有 1 萬多條規則，可以根據用戶的不同需求自動配置每一台計算機上的電路板。這個專家系統已經在大名鼎鼎的美國數字設備公司投入使用了，據該公司統計，1980—1986 年，它協助處理了 8 萬份訂單，準確率達 95% 以上，每年為公司節約 2500 萬美元。

1994 年，費根鮑姆獲得了圖靈獎，被譽為「專家系統之父」。專家系統在軍事領域也有廣泛的應用，費根鮑姆還

擔任過美國空軍的首席科學家。

可是，這之後專家系統卻遭遇了難產。

軟件工程師必須對規則進行編程，一條規則編寫一段，每一條規則都通過一系列「if...then...」（如果……那麼……）的代碼語句來實現。但隨着規則的增多，問題也開始出現了，一條新的規則，必須保證不和所有的老規則矛盾，就像政府的某一個部門要出台一條新的規定，但這條規定又和其他的部門相關，所以它要事先一一問詢，確保其他的部門過去都沒有出台過和新規則相矛盾的規則。當規則累積到幾千條，甚至上萬條的時候，系統就極為複雜了，這個過程需要時間，多久呢？費根鮑姆帶領團隊開發第一個專家系統整整用了 10 年。

人生有幾個 10 年？

更可怕的問題是，任何規則都有例外，也有一些難以明確的、模棱兩可的、可以酌情處理的地方，這也給規則的代碼化帶來了困難，各個規則之間開始出現矛盾，誰先、誰後、誰主要、誰次要，往往很難確定。除了這些挑戰，人類很快又發現了新的矛盾。所有的專家系統聚焦的都是專門知識，只能應用在一個專業領域，換個領域又得

再做一遍。古人說三百六十行,而現代社會三千行、三萬行都不止,專家也不是鐵打的,怎麼可能一一做下來?而且,知識還在不斷更新中,很多生活常識都難以一一規則化,由計算機科學家來總結人類的知識,再把它們逐一用「規則」的形式教給計算機,這相當費時間,也永遠教不完。

當我們以為專家系統的發明可以讓人工智能一日千里的時候,卻發現人類把自己帶入了死胡同,看起來我們給自己挖了一個坑。這個時候,一個異想天開的想法突然冒了出來:機器能不能自己學習知識、自己制定規則呢?這樣不就可以讓人類既省時又省力了嗎?

這個想法令人激動!

如果機器可以自己翻閱書本,自己查資料、找案例,自己分析、推理、得出結論,像個合格的學生一樣,自學也能成才,那豈不是可以一勞永逸地解決問題,免去我們不斷去教機器知識,又深陷知識領域無窮無盡的困擾了嗎?

在 1956 年的達特茅斯會議 10 位核心參會者中,有一位 IBM 的科學家,他叫塞繆爾(1901—1990)。1952 年,IBM 發佈了第一款商用電子計算機 IBM701。不久後,塞繆爾就在這台機器上開發了第一個跳棋程序「Checker」,這個

程序向世人展示了計算機不僅能處理數據，還具備了一定的智能——和人類下棋。這個程序引起了大眾的好奇與關注，IBM 的股票在程序發佈之後應聲上漲了 15 個百分點。

塞繆爾發明的跳棋程序在當時戰勝了很多人，事實上，相比於國際象棋、圍棋，跳棋才是計算機最早戰勝人類冠軍的領域。

加拿大阿爾伯塔大學 1989 年開發的「Chinook」跳棋程序，在 1994 年戰勝了人類跳棋冠軍汀斯雷（1927—1995）。而國際象棋程序、圍棋程序戰勝人類的時間分別是 1997 年、2016 年。

塞繆爾不斷完善這個跳棋程序，他在其中設置了一個隱含的模型，伴隨着棋局的增多，這個模型可以記憶，然後通過記憶和計算為後續的對弈提供更好的招數，看上去像是為這個程序裝上了大腦。

塞繆爾因此認為，機器可以擁有類似於人類的智能。1959 年，他正式提出了機器學習的概念。也就是說，塞繆爾完全相信，計算機可以學習，他的跳棋程序就是一個小小的證明。但很多人質疑，跳棋過於簡單，它的變化有限。數學家已經證明，只要對弈的雙方不犯錯，最終一定

是和棋。人類面臨的各種真實問題要遠比跳棋複雜，所以這個經驗很難被其他領域複製。

圍繞機器能否學習這個問題的討論及其產生的分歧，最終使人工智能的圈子分化為兩大清晰的陣營。

一派是柔軟的仿生派。他們認為，學習是人類大腦特有的功能，只有對大腦進行模擬，理解人類是如何獲得智能的，才能最終實現人工智能。因此，研究人類大腦的認知機理，搞清楚人類大腦的秘密，掌握大腦處理信息的方式，是計算機實現人工智能的先決條件。

另一派是冷冰冰的數理派。他們認為，計算機沒有必要模仿人類大腦，也沒有必要去了解人類的智能是如何產生的，人類應該用數學和邏輯的方法，構建讓計算機執行的規則，一步一步地教會計算機「思考」。最終我們獲得的計算機智能，可能完全不同於人的智能，就好像飛機看起來是模仿鳥，但飛機的翅膀和鳥的翅膀完全是兩回事，飛機反而比鳥飛得更高、更快。

這兩個陣營的爭辯，有沒有讓你想起前文提到的關於海豚文明和機器人的討論？當然，和其他爭辯一樣，討論中永遠都有中間派。中間派認為仿生派的主張很完美，但

在短時間內人類無法完全了解人類大腦的認知機理，如果片面強調對人類大腦的模仿，人工智能就會停滯不前，所以務實的選擇，還是應該支持數理派。

還有人對數理派主張的原理和邏輯提出質疑，他們認為人類學習到的很多技能是在潛意識裡完成的，根本說不清楚。例如，我們五六歲的時候，就可以學會騎自行車，但我們根本不懂牛頓運動定律，也不明白為甚麼靜止的自行車很難一直立着，而運動中的自行車就不會倒下。甚麼都不懂，照樣騎得飛快。即便懂得那些定律，也可能學不好。生活中存在很多不能完全解釋的行為，只要能做到，我們享受成果就好了。

作為人工智能這個學科的創始人，麥卡錫是堅定的數理派。他提出，人工智能的方法必須以規則和邏輯為基礎，在達特茅斯會議的邀請函中，他這樣陳述了會議的舉辦目的：「原則上，學習的每一個方面、智能的所有特點都應該被精確地描述出來，機器才可能對其進行模擬。」

這句話暗含的意思是，一切知識，首先要能說出來，只有能用語言精確地描述出來的知識，才能被制定為規則，才能讓機器模擬，而隱性知識就無法模擬。就像畫一

幅畫，你得告訴機器如何執筆、如何構圖、如何上色，而去跟機器說甚麼意境、思想，機器是無法模仿的。

 甚麼是隱性知識？

春秋時期，有一位霸主叫齊桓公。有一天，他在堂上讀書，堂下有個人在砍削木材，製作車輪，兩人便聊起天來。這個木工告訴齊桓公，對做車輪而言，讀書未必有用。要做一個好車輪，輪子上的孔要大小合適，插進孔的輪輻要不緊不鬆，這裡面有規律，但只可意會，不可言傳。他沒辦法和他的兒子說清楚，他的兒子也無法從書本上學到。人類只能在實踐中積累經驗。這就好比光看琴譜，就算背下來也無法彈出好曲子一樣，人類有些知識，是無法用文字記錄和表達的，必須通過實踐才能獲得，這樣的知識我們稱之為隱性知識。

麥卡錫對人腦的結構和機理完全不感興趣，他根本就不想和心理學、認知學、腦科學有任何交集。他公開說：「人工智能的目標，就是遠離對人類行為的研究，它應該成為計算機科學的分支學科，而不是成為認知學、心理學的

分支學科。」

　　從一開始，數理派就佔據了主流。但你可以想像，這些爭論已經超出了技術領域，進入了哲學範疇，爭來爭去，不可能有統一的答案。當時的觀點非常多元，甚至同一個人的觀點也前後矛盾。專家系統的成功是數理派的頂峰時期，但專家系統的實用性僅僅局限於某些特定的場景，很難升級、擴大。它火了一陣之後，數理派就陷入了困境，人工智能進入了第二個低潮。在此期間，歷史重演，各種投資再一次大幅削減，這個時期被後人稱為「人工智能的冬天」。看起來，我們又跳進了另外一個坑中。

　　達特茅斯會議的另外一位組織者是明斯基，他也被後世譽為「人工智能之父」。明斯基認為，人腦完全可以模仿，其實人腦本身就是一台計算機。他表示：「我打賭，人腦就是一台組裝的計算機，人類就是一台肌肉組成的機器，只不過是頭上頂了一台計算機而已。」

　　從這些話可以看出，明斯基是仿生派。但戲劇化的是，恰恰就是明斯基在 1969 年給了仿生派一記重擊，使仿生派陷入了十多年的頹廢期。

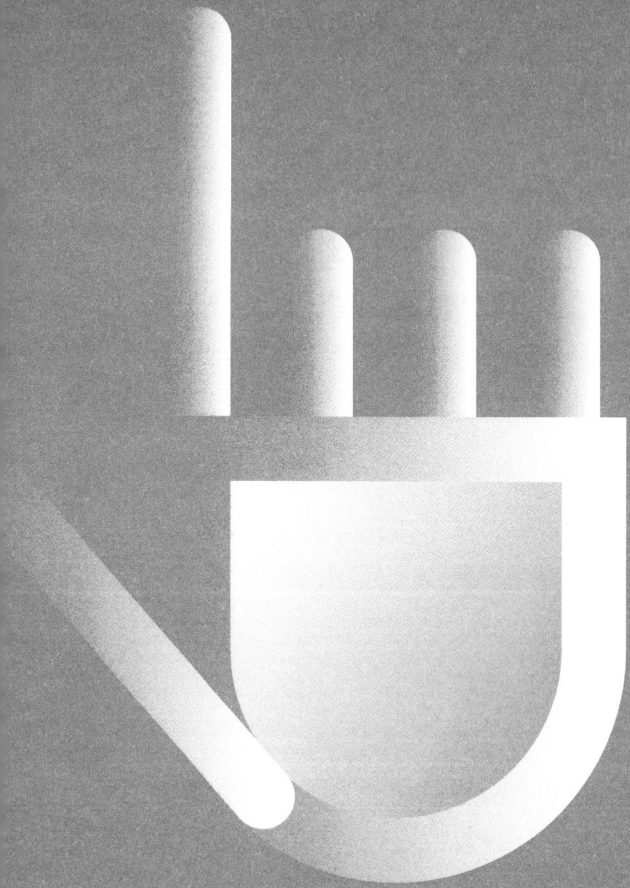

Chapter 6

試着做一個大腦？

仿生派的研究，起源於人類對大腦和神經系統的認識。20 世紀初，人類發現構成神經功能的基本單位是神經元。每個神經元都各有功能，它們彼此聯繫，共同處理信息。

　　具體到一個特定的神經元，負責接收信息的部分叫作樹突，一個神經元有多個樹突。但是，向外傳導信息的渠道只有一條，這部分叫軸突。在軸突的尾端，有很多個末梢，它們和其他神經元的樹突連接，形成突觸，用以傳遞信號。猜猜我們的大腦裡有多少個這樣類似流星錘的傢伙？答案是上千億個！

　　這意味着，一個神經元可以接收多個神經元的信息，這些信息在經過處理之後再以統一的形式傳遞出去。

　　也就是說，輸入的信號可以有多個，但輸出的只有一

個，即一個傳遞信號是由多個接收到的信號共同決定的。照着學還不行嗎？神經元的這個結構給了人類巨大的啟發，人類開始模仿這個像流星錘的傢伙，構造計算機的決策單元。

1957年，美國康奈爾大學計算機教授羅森布拉特（1928—1971）提出了感知器的概念。一個感知器可以接收多個來源的信息，這些信息互相作用、互相影響，然後形成新的信息並傳遞出去，是不是和上面提到的神經元傳遞信息的方式很相似？

後來人們又發現，人腦神經元的突觸，也就是兩個神經元連接的緊密度是可以變化的。這表明，不同神經元傳達的信息對最終信息的影響是有區別的，有的影響大，有的影響小。於是，計算機科學家又引入了一個新的概念權重，用來表示影響強度的大小。權重越大，影響就越大；權重越小，影響就越小。

現在我們要做的一件事情是，用感知器替代神經元，去模仿人類的大腦。當很多個感知器連接到一起、每個感知器對最終的信息輸出又有不同權重的時候，它就在模仿大腦神經突觸互聯的信息處理方式，形成了一個類似大腦

的信息處理網絡，人們就稱這感知器的邏輯結構種模式為神經網絡。

接下來的幾年，神經網絡成了機器學習最受關注和最具爭議的方法。在此之前的人工智能都是數理派的做法，程序員通過編寫代碼，告訴機算機要做甚麼。這裡面有大量的「如果……那麼……」的語句，「如果 X 大於 100，那麼轉向第 25 行代碼，執行乘法運算」「如果符合某條件，那麼確認第 3 個權重為 0.8」。這本質上是為計算機定義規則，再求結果。機器學習反其道而行之。它先明確誰是自變量、誰是因變量，然後根據這些去推導可能的結果，通過很多數據告訴計算機，然後不斷調整神經網絡中各個感知器的權重，讓它輸出的最終結果更加符合現實數據。用一個數學術語來表達的話，叫作擬合，這就是我們將其稱為機器學習最主要的原因。打個比方，老師讓我們去種一株植物，並不告訴我們如何做才能成功，而是讓我們自己去嘗試。關於陽光、溫度、水和肥料等因素對植物生長過程的影響，我們不斷地嘗試後，得出一個最接近成功種好植物的方式。只不過這裡把「我們」換成了「機器」，機器就這樣自我學習、自我進化。

自變量和因變量

這兩個術語來自數學，其實也很好理解。就是如果一件事變化，導致另外一件事也發生了變化，那麼前一件事就是自變量，後一件事就是因變量。這種關係可以寫成一個簡單的方程，如 $y=2x$。在這個方程中，自變量是 x，x 發生變化導致 y 也發生了變化。所以因變量是 y，2 可以視為權重。即 x 變了，y 也跟着變。

擬合

就是讓不同事情的發展軌跡和最終結果走向一致。比如，我們扔出一個球，那麼理想的數學方程就是能精確地計算出球的每一步運行軌跡。如果我們找到了一個方程，它計算出來的結果跟實際結果一致度越高，就代表擬合度越高，數學方程也越成功，而科學家的任務就是找到這個方程。

人工神經網絡模型一開始不定規則，而是像給嬰兒餵

奶一樣給計算機「餵」數據，即從最後的結果出發，讓計算機去計算需要多少個感知器、每個感知器之間的權重又是多少。這些感知器和權重就是規則，在前面的例子裡，感知器就是前文提到的陽光、溫度、水和肥料等，權重就是多少陽光、多少溫度、多少水和多少肥料。這種方法，本質上就是把結果告訴計算機，讓計算機找出規則，就像是一種倒推。

打個比方，用數理派的想法去建一座房子，首先要告訴計算機我們要建一座甚麼樣的房子，是甚麼樣的結構，然後計算出需要多少根木材，每一步如何界定先後順序，最後通過計算機去拼裝。而人工神經網絡的機器學習，就是我們給計算機這些材料，讓計算機不斷學習、試錯，最終拼裝成一座和我們想像的房子無比接近的產品。並且在這個過程中，計算機積累了經驗，以後再拼裝其他類型的房子時，就不需要我們重新告訴它每一步的規則了。這樣看來，機器學習有一種「授人以魚，不如授人以漁」的感覺了。

這個過程和人類的決策過程高度相似。我們已經反覆地講到，數據就是對客觀情況的記錄，這種記錄包含着原

因、表象和結果，它代表着過去的經驗。通過機器學習，這些經驗被構建成一種模型，被運用到新的場景認知中去，也就是我們常說的「舉一反三」。所以，機器學習只是把「人類」換成了「機器」，和我們學習的道理是一樣的，讓機器有了學習的能力。

在這個過程中，計算機表現出來的不是比人聰明，而是比人能幹。因為計算量太大，普通人同時考慮四五個自變量，大腦就不堪重負了。計算機卻可以同時考慮成百上千甚至上萬個自變量，並在很短的時間內完成非常廣闊的、複雜的計算，這正是計算機的過人之處。說白了，計算機就擅長幹這個。

一個完備的神經網絡，可能有成百上千個感知器，也正是因為每一個感知器都需要計算，於是大量的計算成了神經網絡的必備條件。

聽起來是不是有一種豁然開朗的感覺？我們讓計算機學會了學習，然後把一切交給計算機，就可以坐享其成了嗎？醒醒，上一章末尾提到的明斯基的一記重擊到來了。

要知道，神經網絡提出於二十世紀六七十年代，當時計算機的計算能力非常有限。這時，明斯基說話了，他出

版了一本著作《感知器》，專門指出神經網絡必須要有很多層的神經元。但即使只增加一層，計算量也會呈幾何級增加，那個時候的計算機沒有這個能力，所以神經網絡沒有未來。當時的明斯基沒有預料到，未來計算機的計算能力會呈幾何級增長。他的論斷，在今天看來無疑是錯了，但在當時的計算能力下卻很有說服力。作為人工智能領域的重要人物，他已經擁有巨大的影響力，他對神經網絡的悲觀態度具有風向標般的意義，使得許多學者和實驗室紛紛放棄了對神經網絡的研究。

接下來的 10 多年，神經網絡陷入了「冰河期」。20 世紀 70 年代中期，學術論文中只要帶上「神經網絡」的相關字眼，就會被學術期刊和會議拒之門外，自此神經網絡無人問津。

有些人認為明斯基應該為這樣的「冰河期」負責，其實這是拿今天的狀況去評判前人的得失了，科學這潭水從來都不是一覽無餘、清澈見底的。曾經人類認為天圓地方，日月星辰都圍着地球轉，後來人們發現是地球繞着太陽轉，再後來發現，太陽系只是銀河系中的一個小角色，銀河系又是星系團的一個組成部分，地球到底圍繞着誰

轉，還說得清楚嗎？

　　回過頭再去看明斯基對神經網絡悲觀的論斷，從另一個角度說，專家也不是絕對正確的，再厲害的專家也一樣會犯錯，盡信書不如無書。真理，從來不是隨隨便便得到的，需要時間和實踐的不斷檢驗。

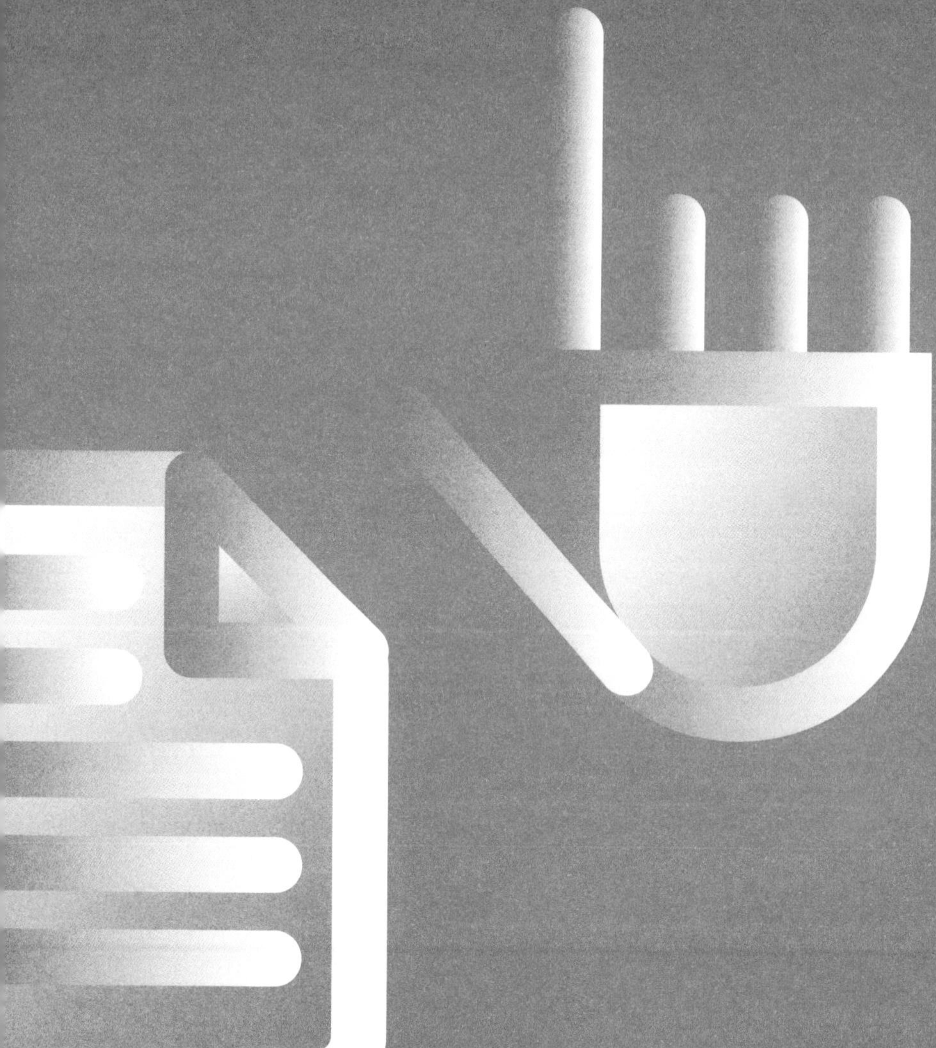

Chapter 7

深度學習：
先來調配一杯雞尾酒

你聽說過雞尾酒吧？它是由酒、果汁、汽水等多種飲料混合而成的。任何一種酒，如茅台、伏特加、威士忌、白蘭地、葡萄酒都可以混進去，再摻加各種果汁，可以是蘋果汁、草莓汁、雪梨汁等，還可以加上牛奶、咖啡、紅糖、蛋清、香精等，最後搖晃攪拌而成。

　　在這個過程中，我們有理由相信，每一種成分的多少，甚至混合的先後順序不同，都會影響雞尾酒最後的味道。

　　現在別人給了你一杯非常美味的雞尾酒，並且告訴你這是由五糧液、威士忌、白蘭地、葡萄酒、雪梨汁、草莓汁、牛奶、香精等 10 種材料混合而成的，但各種材料的多少卻沒有告訴你，你需要自己調配出來。這聽起來，是不是有些難？

在解決這個問題之前，我們需要了解深度學習，以及
辛頓教授。

在神經網絡 10 多年的「冰河期」中，也有極少數學者
一直在堅持研究，其中有一個人後來成了旗幟性的人物，
他就是卡內基－梅隆大學的教授 —— 辛頓。

辛頓有多位家人患有癌症。他認為，人工智能將改變醫學，
他期待未來人們僅用 100 美元就可以繪製自己的基因圖譜（2018
年的成本是 1000 美元），以提前分析自己患上各種疾病的可能
性。辛頓還認為 X 光片的檢測很快將完全由機器完成，放射科醫
生即將下崗。

辛頓是心理學出身，他癡迷於認知科學，數十年如一
日地專注於神經網絡的研究，但在讀博士期間，他身邊幾
乎所有人，甚至他的導師都建議他放棄神經網絡，轉向數
理邏輯領域。辛頓從年輕時就一直相信，大腦對事物和概
念的記憶，不是存儲在某個單一的地點，而是像全息照片
一樣，分佈式地存在於一個巨大的神經元網絡裡。當人腦
表達一個概念的時候，不是藉助單個神經元一對一地獲得

支持。概念和神經元是多對多的關係，即一個概念可以用多個神經元共同定義表達，同時一個神經元也可以參與多個不同概念的表達。

這個特點被稱為分佈式表徵，它是神經網絡派的一個核心主張。例如，當我們在聽到「長白山」這個詞的時候，它可能涉及多個神經元，一個神經元代表形狀「長」，一個神經元代表顏色「白」，一個神經元代表物體的類別「山」。三個神經元被同時激活時，才能準確再現、理解我們信息交流中的「長白山」。至於一千個人眼中有一千種不同的長白山，則跟個人經歷、情感、記憶和性情有關了，這又是更多的神經元參與的結果。你聽到長白山想到了家鄉，想到了溫暖，因為你可能從小在長白山下長大。而一個江南人聽到長白山，心裡湧起的卻可能是對冰天雪地的渴望，或是對寒冷的畏懼。

2006 年，辛頓在《科學》期刊上發表了一篇文章，提出了深度神經網絡的概念，即增加神經網絡中感知器的層數，以分析、捕捉事物更深層次的特徵。辛頓認為，隨着層數的增加，整個網絡的參數也會增多，其構造的函數具有更強的模擬能力，它可以無限逼近人類思考的過程。就

好像給你一堆火柴棒，讓你必須拼成一個圓，如果只給你4根，你只能選擇拼成一個正方形；給你的火柴棒數量越多，你拼成的形狀就越能無限接近圓形。辛頓還改革了傳統的訓練方式，增加了一個預訓練的過程。這兩種技術的運用，大幅減少了計算量和時間。

為了形象地描述這種多層神經網絡的方法，辛頓賦予了這種方法一個新名字 —— 深度學習。

深度學習試圖全面模仿人類神經網絡的機理：每一個神經元既可以存儲也可以計算，計算和存儲都是分佈式的，每一層的每一個神經元都接收上一層的輸入信息，當一個神經元處理完一個信息之後，信息就會被傳導到其他神經元，其傳導關係是強是弱、中間如何轉換，就是神經網絡中需要通過學習確認的權重大小。而增加神經元的層數，就可以增加權重的數量，進而構建出非常精妙的模型，擬合現實世界的複雜現象，逼近人類的智能反應。

對人類而言，深度學習的算法就像大腦的運作一樣，我們「知其然，不知其所以然」。它就像一個不透明的黑箱子，到底是怎麼運作的，恐怕連算法的設計者也無法回答。它真正讓人感覺到雖然不知道是甚麼意思，卻覺得它

很厲害。

　　說回到一開始我們講的調製雞尾酒，這個時候，你必須通過深度學習的網絡把這個口味「擬合」出來。

　　對由很多個感知器組成的多層神經網絡，我們可以形象地將其理解為一個由大小各不相同的水龍頭組成的配方網絡。每一個水龍頭都有一個閥門，負責調節一種原材料的多少、流量和流速，各種液體原材料從左側輸入，剛開始，每個水龍頭都控制一種液體。我們為了獲得想要的味道，就要先從最右邊開始，從右到左一層層地調節各個水龍頭的閥門，使某種特殊成分液體的流量達到要求，通過一層一層地控制，不停地混合，我們最終可以配出和那一杯雞尾酒一樣的味道。

　　如果兩層網絡不行，我們就增加調節的層數，或者增加每一層可以調節的閥門，然後努力地調節這些閥門，最後這杯雞尾酒被調製出來了，它和你想要的味道一模一樣。但你要問，為甚麼每一層的每一個閥門要調節成這個樣子，可能就連整個網絡的設計者也說不清楚，也就是前文說的「黑箱子」。

　　爭議歸爭議，深度學習很快在圖像識別領域大放異

彩。不管我們將這些理論形容得有多厲害，最終的考核標準都是實際效果。實際效果不好，再高深的學問也是沒有用的。

2012 年，辛頓帶領團隊參加了圖像網絡（ImageNet）圖像識別大賽。在此之前，ImageNet 冠軍團隊的圖像識別錯誤率一直在 25% 以上。辛頓用深度學習的方法，把錯誤率大幅下降到 15.3%，排名第二的日本模型，錯誤率則高達 26.2%。這個進步令人震驚，整個人工智能領域都為之沸騰。

之後，深度學習不斷地創造新奇跡。在 2017 年的 ImageNet 圖像識別大賽中，錯誤率被降到了 2.25%，這已經遠遠低於一個普通人的錯誤率。也就是說，深度學習算法已經超越了人類的「眼睛」，圖像識別迎來了嶄新的紀元。

ImageNet 圖像識別大賽

為了推動機器視覺領域的發展，2009 年，斯坦福大學教授李飛飛、普林斯頓大學教授李凱等華裔學者發起建立了一個超大型的圖像數據庫。這個數據庫建立之初，包含了 320 萬張

圖像。它的目的是以英文裡的 8 萬個名詞為基礎，每個詞收集 500～1000 張高清圖片，最終形成一個有 5000 萬張圖片的數據庫。

從 2010 年起，他們每年都以 ImageNet 的數據庫為基袖，舉行圖像識別大賽。大賽的基本規則是：參賽者以數據庫內的 120 萬張圖片（這些圖片從屬於 1000 多個不同的類別，且都被手工標註過）為訓練樣本，用經過訓練的算法，再去測試 5 萬張新的圖片，自動標出這些圖片最可能從屬於的 5 個類別，如果正確答案都不在裡面，即為錯誤。錯誤率越低，圖像識別的準確率越高。

2017 年，ImageNet 圖像識別大賽已經發展出「物體識別」「物體定位」和「視頻中的物體識別」三大競賽單元。

當然，深度學習的進步，並不全是辛頓的功勞，除了算法本身的不斷優化，還有兩點更為關鍵的外部因素：一是計算能力的大幅提升，和 20 世紀 60 年代相比，現在計算機的計算能力是之前的數百萬倍；二是大數據的出現，因為有海量的訓練數據，機器才可能自主學習，不斷調整算法的參數和函數關係。沒有這些外部條件，深度學習仍

然是癡人說夢。

　　人們普遍認為，深度學習是近 30 年來人工智能領域最具突破性的發明，它帶領人工智能進入歷史上的第三次高潮。人腦的生理結構在過去幾萬年都沒有太大的變化，但數據每年卻呈爆炸性增長，計算能力也在日新月異地進步。在這一次高潮當中，越來越多的人相信，人腦不僅可以被模仿，而且可以被超越。

　　「冰河期」就這樣到了「蜜月期」。就是這樣，不看好時，百無一用；看好時，眾望所歸。

　　所謂超越，是指記得更多、算得更快，可以同時探索、分析更多的數據和事實。我們必須認識到，就像很多動物在體力上優於人類一樣，計算機在計算能力上也大大優於人類。我們的速度比不上馬，視力遠不如鷹，力氣比起熊差遠了，可是人類仍然是這個星球的支配者，因為人類有一顆綜合實力最強的大腦。因此，我們也應該以更積極樂觀的心態面對人工智能，就像牛和馬可以代替人類做一些事情一樣，機器也可以代替人類完成一些高難度的計算工作。準確地說，人工智能是人類腦力的延展，而不是超越和替代。

Chapter 8

買光硬盤和眼藥水，
就為了認張臉

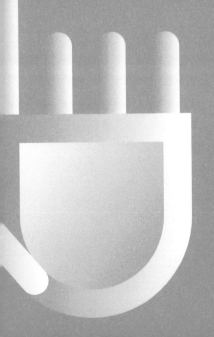

眼藥水的脫銷

深度學習問世之後，首先在圖像識別領域得到了廣泛的應用，圖像識別就是讓計算機能夠「看」到世界、「看」懂世界。

計算機的圖像識別相當於讓機器長出「眼睛」，意義非常重大。人類獲得的所有信息，80% 是靠眼睛，20% 是靠耳朵，能看能聽，才可能做出自主的決策。人們說「眼觀六路，耳聽八方」，又說「耳聽為虛，眼見為實」「耳聰目明」，關於眼和耳的語句和詞語大多跟個人認識世界的能力有關，說到底就是獲取信息、處理信息，得出有效結論的過程，這與計算機的運行模式並沒有太大的差別。

世界上很多圖片，都是以人為中心的，而關於人的圖

片，又以人臉為中心。人類很早就認識到，人臉識別是識別一個人最主要的、最基本的和最便捷的途徑。

在 1956 年人工智能的概念被提出來之後，人臉識別自然成了人工智能的一個重要課題，它又被認為是機器視覺的一個重要子領域。機器視覺，就是讓機器長出「眼睛」的意思。

人臉識別就是把一個人的照片輸入計算機，人工智能可以識別這個人的身份，這有甚麼用呢？你以後到任何地方、辦任何事都不用帶身份證，還可以用人臉支付。除此之外，人臉識別還有很多作用，其中最重要的一點，就是可以減少犯罪，讓我們的社會更安全。

關於人臉識別和社會安全的關係，我們來看一些真實的故事，從中體會一二。

2012 年 1 月 6 日，南京和燕路發生一起搶劫案，一名歹徒槍擊了一名剛從銀行走出來的男子，搶走了 20 萬元現金。因為他殘忍的作案手法非常特殊，南京警方立刻聯想到一個人 —— 全國通緝犯周克華。這個人身負 11 條人命，被稱為「殺人魔王」，已經在逃 8 年了。

南京警方立即在全城進行搜索和佈控，同時緊急調

取各個街道、路口的監控視頻，試圖從視頻中發現周克華的活動軌跡。全市所有的監控錄像以最快的速度被匯集到一起，公安部門把這些圖像複製到上千個硬盤中，分發給上千名警察。一天之內，南京警方幾乎就把市場上的硬盤都買光了。每名警察面前一台計算機，他們盯着一幀一幀的畫面，非常仔細地看，希望能發現周克華的身影。當感到眼睛疲勞酸脹時，他們就仰起頭滴幾滴眼藥水，接着再看，只要人還沒有抓到，新的視頻就源源不斷地被送來。沒過幾天，周克華沒找到，南京的眼藥水倒是先賣光了。

類似的脫銷潮，之前在長沙也出現過。一年前，周克華曾經流竄到長沙，先後作案 3 起。當時的公安局視頻偵查大隊的隊長匡政文回憶說：「為了在視頻中找到周克華，全市 1000 多名警察在短短兩個月內觀看了近 30 萬 GB 的監控視頻，這相當於每名幹警每星期看 30 多部電影（按每部電影約 1GB 計算）。」這還不是放鬆地欣賞，而是眼睛連眨都不敢眨，生怕漏掉一個細節的緊盯，有時還得顛來倒去地看，可想而知，這是多麼費眼睛的一件事。

每天晚上，匡政文一個人坐在辦公室裡，他必須梳理一天新產生的視頻，緊盯鏡頭反覆觀看，一遇到疑點就記

錄下來，每天睡眠不足 3 個小時。第二天一起床，他就要趕去視頻現場進行測量、查證。這樣看了 3 個月，匡政文最後在海量視頻中成功地捕捉到了周克華的正面清晰照，對案件的偵破起到了重要的作用。2017 年，匡政文被評為「全國公安百佳刑警」。

通過 1000 多名警察沒日沒夜地查看監控視頻，南京警方發現，至少在案發前 20 天，周克華就已經潛入南京，並多次前往案發銀行踩點。他還坐過公交巴士，在商店裡買過生活用品。

然而，無論在南京還是長沙，當警方通過人眼花費大量的時間在視頻中尋找周克華的時候，他其實已經離開了這個地方。

類似的故事也在美國上演。2013 年 4 月的一天，兩枚炸彈先後在波士頓馬拉松比賽的現場爆炸，造成 3 人死亡、183 人受傷。警方抵達現場後第一時間就成立了一個人眼戰鬥小組，日夜不停地查看現場視頻。為了確認線索，其中一名警察反反覆覆地將同一段視頻看了 400 多遍，最後在視頻中成功發現了犯罪嫌疑人的正面照。

這都是 2012 年前後發生的事情，今天的情形已經大

不相同。鏡頭越來越多，數據量越來越大，攝像頭在快速聯網，它們拍攝到的視頻都被存儲在雲端了，可以隨時調用。這意味着，如果再出現類似的案件，警方也不需要用硬盤複製、分發視頻，幾千名警察可以同時在雲端觀看。更重要的是，因為深度學習技術的出現，人工智能可以大顯神勇，成倍地提高人臉識別的效率，再也不用擔心眼藥水和硬盤會脫銷了。

計算機如何識別我們的臉

識別人臉背後的技術支撐其實非常複雜。要知道，讓你在一張同學的畢業照中認出自己好朋友的臉很容易，很多人只需要幾秒鐘就搞定了，但要在成千上萬張陌生的人臉當中認出一個人是極為困難的。地球現今有 70 多億人口，而迄今為止，已經有 1000 多億人口曾在地球上生活過，你卻幾乎找不到兩張完全相同的人臉。

人臉有表情，一個人所有的情緒變化都可以通過臉部的細微變化傳達出來，這又增加了人臉的神秘性。因為這種多樣性、複雜性，人臉一直讓藝術家着迷，從埃及最早

的獅身人面像到達文西的《蒙娜麗莎》、愛德華‧蒙克的《吶喊》，再到其他各種藝術作品，人臉是古今中外藝術家創作的永恆主題。也可以說，藝術家對人物和生命的刻畫主要都體現在臉上。

藝術家着迷於人的表情，但對於人臉識別而言這就是災難了。一張笑着的臉和一張哭喪着的臉，哪怕是同一個人，也是完全不同的。

人臉的這些特點給人臉識別帶來了很大的挑戰。雷謝夫斯基（1886—1958）是 20 世紀最有名的「記憶大師」，他可以記住無比複雜的數學公式、矩陣，甚至幾十個連續的英文單詞。在一次試驗中，70 個單詞，只要對着他念一次，他就能馬上背誦出來，可以從前往後背，也可以從後往前背。就算是如此擅長記憶，他也坦言，他無法記住人臉，他是這樣說的：

人臉是如此多變，一個人的表情依賴於他的情緒，以及你們相遇時所處的情境。人們的表情在不斷地變化，正是不同的表情使我感到困惑，我很難記住他們的臉。

無法記住人臉的原因是，人臉的特徵很難被精確地量化。我曾經請教我的好朋友「記憶大師」王峰先生，他曾在電視節目《最強大腦》第二季的節目中，用 8 秒時間記住了兩副麻將和 272 張撲克牌，當時現場一片驚呼聲。王峰告訴我，數字和詞語之所以能夠被精準地記憶，是因為數字的組成無非就是 0～9 這 10 個數字的排列組合，詞語無非是由那些常見的字組成的。他的秘訣就是將你要背的內容，通過構建一個場景來輔助記憶。因為我們人類大腦記憶場景的能力要比記憶文字的能力強很多，這是我們天生的能力，也是看電影會比看書更容易記住相關情節的原因。

　　人腦容易對數字和詞語的特點進行「編碼」，而人臉確實難記，這是因為人臉的模樣有無限種可能，而我們很難對人臉的特徵進行「編碼」。比如，我們只能說這個人的臉比較大、眼睛比較大、雙眼皮、厚嘴唇等，這些都是相對的，無法精確量化，這就給識別和記憶帶來了挑戰。

　　那深度學習究竟是如何識別人臉的呢？人工智能又是如何克服這個難題的呢？

　　現在非常流行刷臉支付，打開支付寶，把攝像頭對

着自己的臉，一筆支付就完成了。這是非常尖端的科技，在開通支付寶刷臉支付前你需要上傳一張面部照片進行認證，人工智能將你個人面部所有的特徵都記錄下來。在支付時，人工智能首先要尋找兩隻眼睛的位置，然後確定人臉的區域，把這個區域轉成灰度圖片，因為在面部識別時不需要顏色數據，再根據算法和模板提取這張臉的各種特徵，如眼睛、耳朵、嘴巴等臉部器官各自的大小、所處的位置、分佈的距離、比例等幾何關係……最後把這些特徵和目標人臉進行對比，以確認是不是同一張臉。

是的，所有的一切瞬間就能完成。

人臉的識別步驟

但在深度學習發明之前，這項工作極為困難，人臉識別的準確度很低。因為即使是同一個人，當頭部大角度轉動後，人臉各部位的位置就改變了。當然，不同的光照強

度、角度、面部表情、年齡增長等因素，都會嚴重影響到識別的準確率。

讓我們來看一下，深度學習是怎麼做的。

深度學習可以把人臉的每一個部位的特徵都找出來，各個特徵不斷疊加、驗證，從而提高識別的準確率。

例如，我們可以提取人臉上的 128 個特徵點，包括雙眼的距離、鼻子的長度、下巴的弧度、耳朵的長度、每隻眼睛的外部輪廓、每條眉毛的內部輪廓等。接下來，訓練一個深度學習的算法，搭建一個多層神經網絡。先給計算機 3 張照片，前兩張是同一個人的，第 3 張是另一個人的，算法會查看自己為這 3 張圖片生成的 128 個特徵點的函數值；接着不斷調整所有神經元的全部參數，也就是我們所說的調配雞尾酒的閥門，以確保前兩張（即同一個人的照片）生成的函數值盡可能接近，而它們和第 3 張生成的函數值略有不同。

接下來，要在更多的照片中重複這個步驟，照片可以來自幾百萬個人，越多越好，神經網絡就能學會如何可靠地為每個人生成 128 個函數值。對同一個人的不同照片，它都應該給出大致相同的函數值，當這些值的接近度超過

一定比例的時候，計算機就能判定它們是同一張人臉，而對於不同的人，這個值應該是有明顯不同的。計算機究竟如何構造這個函數，作為用戶的我們並不關心。我們關心的是，當看到同一個人的兩張不同的照片時，我們的函數是否能得到幾乎相同的數值。

例如，兩眼之間的距離，女性一般是 56～64 毫米，男性以 60～70 毫米居多，兒童一般在 55 毫米左右，嬰幼兒約為 40 毫米。在訓練模型的過程中，若輸入一張女性人臉，雙眼間距為 65 毫米，計算機就會認為這不是一張女性的臉。因此，我們需要對女性雙眼之間距離的長度範圍進行調整，修正為 56～65 毫米。這個過程就是參數調整，深度學習就是通過不斷調整參數，最終完成模型訓練。

在訓練算法的時候，如果我們告訴計算機這些數據是同一張女性的臉，即標記這張臉為同一個人，這就叫監督學習。而無監督學習，就是訓練數據並不標記，而讓算法自己去找規律。

Chapter 9

讀心術

43 塊肌肉的秘密

　　我們前面討論過，圖像識別，特別是人臉識別具有巨大的價值和意義，但對人臉的圖像分析，目的並不僅僅在於識別，同一根莖上還開出了另外一朵花 —— 表情分析。如果說人臉識別就為了確定一個人的身份，那麼表情分析就是想深入了解一個人的內心了，這無疑是難度更大的事情。

　　人有七情六慾、喜怒哀樂，這些情緒直觀體現在人臉上。人的表情還很具有欺騙性，哭着笑、笑着哭，時而哭、時而笑。對面部表情的研究，無論東方還是西方，都有專門的學問，中國的古書《智囊全集》就記載了下面這樣一個故事：

春秋時期，齊桓公有一次上朝與管仲商討攻打衛國。退朝回宮後，衛姬一看見齊桓公，就立刻跪拜，替衛國的君主請罪。齊桓公問其原因，她答道：「我看見君王進來時，步伐高邁、神氣豪強，有討伐他國的心志，看見我之後卻臉色驟變，一定是要討伐我的母國衛國了。」

　　次日，齊桓公上朝，管仲問：「君王取消攻打衛國的計劃了嗎？」齊桓公疑惑地問：「你是怎麼知道的？」管仲說：「君王上朝時，態度謙讓、語氣緩慢，看見臣下時卻面露愧色，所以我就知道了。」

　　正是因為善於察言觀色，衛姬、管仲才能參透齊桓公內心的玄機，這在中國傳統中代表智慧高明。據說，清朝大貪官和珅就是因為太會察言觀色、投其所好，用現在的話說就是比較擅長「表情分析」，混成了乾隆皇帝身邊的大紅人。他在電視劇裡跟劉墉鬥，跟紀曉嵐鬥，老是吃癟。但在真實的歷史中，這兩個人根本不可能是和珅的對手。

　　表情分析的奠基人是美國心理學家埃克曼。埃克曼和他的同事用了整整 8 年的時間，創造了一種科學可靠的方法來分析人類的面部表情。他們從解剖學出發，確定了人

類面部的 43 塊肌肉，每一塊肌肉就是一個面部的動作單元，人類所有的表情都可以被視為這 43 種不同動作單元的組合，這些組合形成了一個面部表情編碼系統。

43 塊肌肉可以形成 10000 多個組合，埃克曼認為其中的 3000 個組合對人類是有意義的，也就是可以解讀的。為了確認這些組合，埃克曼拿自己做試驗，他試圖調動自己臉上的每一塊肌肉，做出相應的表情。當他無法做出特定的肌肉動作時，就跑去醫院，讓外科醫生用一根針來刺激他臉上不肯配合的肌肉。

這個編碼系統非常管用，憑藉它，埃克曼創造了人類心理學歷史上的諸多傳奇。

在精神病醫院，常常會有人自殺。試圖自殺的患者會來找醫生並問醫生：「我現在感覺好多了，可以出院了嗎？」有經驗的醫生知道，精神病患者這樣說，可能確實好了。但也存在另一種可能，他們完全絕望了，希望獲得脫離監護的機會，一旦脫離監護就會自殺。究竟誰是這樣的患者，往往很難做出預判。

埃克曼要求醫生把他們和患者對談的過程用視頻記錄下來，然後他反覆觀看。一開始，埃克曼甚麼都沒發現，

但當他用慢鏡頭反覆播放的時候，突然在兩幀圖像之間看到了一個一閃即逝的鏡頭：一個生動、強烈而極度痛苦的表情。這個表情只持續了不到 0.07 秒，但它洩露了患者的真正意圖。埃克曼後來在更多的場景中發現了類似的表情，他把它們定義為微表情，這種表情往往在人臉上一閃而過，未經訓練的人無法察覺，它們卻隱藏着主人真實的意圖和感情。

不僅是痛苦的微表情，埃克曼的表情分析，還可以知道一個人的微笑是發自內心的，還是偽裝出來的。自發的微笑由情緒引起，調動的是顴骨周圍彎曲的肌肉及眼部周圍的小肌肉，這不可能用意識加以指揮；而強擠出來的微笑，調動的是叫作顴大肌的肌肉，它從顴骨延伸到嘴角。還有一塊肌肉被稱為額肌，位於內眉區域，當它微微抬起的時候，就代表着悲傷。如果你看到了這個動作，就基本可以判斷這個人已經非常難過了。

我們必須注意到，埃克曼發現微表情的前提又是「記錄」。醫生和患者之間的對談視頻是埃克曼用來開展研究最重要的素材，他採用視頻，而不是照片，是因為人類的很多照片都是刻意擺拍的，並沒有記錄下當事人當時自然的

狀態。當研究人員試圖捕捉到表情的變化，希望通過人臉豐富短暫的表情解讀一個人的意圖時，照片完全無法滿足其要求。

當讀到埃克曼這樣的科學家的故事時，我們不禁連聲驚歎他對人類心理的理解，佩服他把表情分析變成一門顯性的科學。埃克曼被評為 20 世紀 100 位最偉大的心理學家之一，他曾經在各個行業培訓過幾萬名測謊人員。埃克曼發現，最成功的小組是由曾經擔任特勤和特工的人員組成的，因為大多數特勤和特工都有過依賴人們的表情做出判斷的經驗。

他還建議，法庭上的法官不能僅僅把自己的注意力集中在記筆記上，還要經常盯住證人的面部，這樣將減少證人撒謊的機會。埃克曼的工作和經歷，後來被拍成了一部電視劇《千謊百計》(*Lie to Me*)。

當埃克曼創建的面部表情編碼系統被證明行之有效後，把它和人工智能結合起來，自然成為很多人的設想和提議。埃克曼本人也曾經在 2004 年預言：「5 年之內，面部表情編碼就會成為一個自動系統，當你跟我說話的時候，

一個攝像頭會看着你，它會立即讀出你情緒狀態的瞬間變化。」

自 2010 年起，以埃克曼的面部表情編碼系統為基礎，全世界已經有多個表情分析系統問世。例如，加利福尼亞大學聖迭戈分校研發的計算機表情識別工具箱（CERT），可以自動檢測視頻流中的人臉，實時識別憤怒、厭惡、恐懼、喜悅、悲傷、驚奇和輕蔑等 30 多種表情，其準確率達到了 80.6%。這套系統除了用於對抑鬱症、精神分裂症、自閉症和焦慮症等疾病的分析，還可以裝在汽車上，監測駕駛員的疲倦程度，甚至可以用於監測和照顧老年人。畢竟，絕大多數人不會明確地說他們不開心或不舒服，但表情會透露他們的真實感受。

人工智能的邊界應用

都說商人的嗅覺是最靈敏的，表情分析很快就被商人盯上了。為了精準地掌握觀眾對每一個電影情節的反應，迪士尼公司開發了一個觀眾表情分析系統。在一個擁有 400 個座位的電影院，迪士尼公司佈置了 4 台高清紅外攝

像機。在漆黑一片的影廳中，這個系統能夠捕捉全場的哄堂大笑、微微一笑或者悲傷流淚等反應，通過分析這些表情，迪士尼公司可以知道觀眾是否喜歡這部電影、哪些情節最能打動人，用量化的方法對影片的情節設計進行評價。

這也說明，數據和人工智能正在走進藝術領域。曾經我們認為，計算機能夠理解的、能夠做的就是科學，計算機不能理解的、不能做的就是藝術，它們兩者之間有着清晰的邊界。但今天，科學正在進入藝術的陣地，藝術中能夠用邏輯和規則清晰表達的部分，也在變成科學。

表情分析也讓教育看到了量化的曙光。在課堂上，同一批老師上課，有的學生成績很好，有的學生成績很一般，很難弄明白問題到底出在哪裡。2018 年 5 月，浙江省杭州市第十一中學引進了「智慧課堂行為管理系統」，幾個攝像頭裝在教室裡，每 30 秒進行一次掃描，它可以識別高興、傷心、憤怒、反感等常見的面部表情，以及舉手、書寫、起立、聽講、趴桌子等常見的課堂行為，通過對學生面部表情和行為的統計分析，輔助教師進行課堂管理。

這則新聞引起了巨大的爭議，有人贊成，認為它可以監督課堂秩序、優化學生的學習狀態；有人反對，認為這

一做法侵犯了學生的隱私。想想也可以理解，被人一直偷偷盯着的感覺很不妙，如果大家從小就生活在監控中，攝像頭將扭曲我們的行為，與其說是優化，不如說是異化，甚至是「畸形教育」。

我認為，技術本身並沒有正義與邪惡之分，而在於誰來使用，怎麼使用。一名老師的注意力是有限的，他可能無法同時關注到課堂上所有的孩子，自然無法同時發現孩子打瞌睡、做小動作、走神等行為，但智能攝像頭可以眼觀六路，彌補了老師精力的不足，有被利用的價值。

但怎麼用是有講究的，每個人都可能走神，從來不走神的只能是機器。如果一走神就要挨批評，那是把人當作機器。在未來的課堂中，學生如果走神，相對溫和的處理辦法是智能攝像頭把信號傳遞給學生的智能手錶，手錶發出震動，提醒學生「回神」，而不是直接提交給老師進行批評。

未來，在表情分析的基礎上，還會出現情感計算，即通過人類的表情、語言、手勢、大腦信號、血流速度等生理數據，實現對人的情緒、生理狀態的全面解讀和預測。事實上，和人類相比，機器解讀更有優勢，埃克曼所定義

的微表情，通常是一閃而過的，普通人用肉眼難以發現，但攝像頭可以又快又準地捕捉到。對人類表情和情感的解讀和預測，機器肯定比人類更為準確。

這就賦予了機器通曉人性的能力，那麼接下來這個應用，恐怕會讓你感到毛骨悚然。

能分析就能複製，在分析表情的基礎上，機器也可以利用 43 塊肌肉組合的方法，再造和人類一樣的表情，畢竟埃克曼已經為人類的表情總結出了清晰的編碼和規則，把關於表情的隱性知識上升為顯性知識。只要具備清晰的規則，計算機就可以理解並且模仿。

這意味着，未來的機器人可以具備和人類幾乎一樣的表情。當這樣一個機器人站在你的面前，如同鏡子一般和你做出一樣的表情凝視你時，會讓你汗毛倒立嗎？

這也是人工智能的邊界，只要在可以用邏輯、規則和數據表達的領域，人工智能會向人類無限接近。但對無法用規則清晰表達的隱性知識，人工智能就無能為力了，人類顯性知識的邊界，就是人工智能的邊界。

Chapter 10

電話轉接中……

說到這裡，我想起自己的一次倒霉的經歷了。

　　記得有一年春夏之交的時候，我從杭州到深圳出差，下飛機的時候，一不小心，把一件新的外套落在飛機的座位上了。本來也不是甚麼大事，我以為簡單地打個電話，留下收件地址，航空公司就可以幫忙把外套寄回杭州。

　　沒想到，我打了一串電話，耗費了整整一個小時，才解決了這個事兒。

　　「喂，是航空公司嗎？」

　　「您好，先生，請問有甚麼可以幫到您？」

　　「您好，我今天搭乘的航班是從杭州飛往深圳，下飛機的時候，不小心把一件外套落在座位上了，能否請你們幫我找回來呢？」

　　「先生，請問您的姓名是甚麼？」

「涂子沛。涂是三點水加一個余，子是孔子的子，沛是充沛的沛。」

「涂先生，請問您的航班號和座位號是多少？」

「……」

「涂先生，請在『嘀』聲響起後，輸入您的身份證信息。」

「……」

「您好，涂先生，您是今天搭乘 XX 航班從杭州飛往深圳，然後落了一件外套在座位上，是嗎？」

「是的。」

「能否具體描述一下丟失外套的特徵？」

「深藍色，九成新。」

「好的，涂先生，您的信息已收到。飛機遺失物品信息須與航班機務人員確認，我現在把您的電話轉接至深圳機場客服中心，客服人員會與您溝通，可以嗎？」

電話轉接中……

在整個過程中，我被轉接到了 4 個不同的業務部門，丟失外套的經過被重複講述了 4 次，最後我口乾舌燥，終於找到了一個可以負責跟蹤的人。

回過頭來看，這期間 80% 的對話其實都是無效溝通，不僅浪費了我的時間和精力，也浪費了航空公司客服的時間，還佔用了電話線路。這個時候，如果有語音識別技術參與進來，事情就會完全不一樣。在我第一次描述外套丟失經過的時候，人工智能可以自動把聲音轉換為文字，並根據文字的內容自動分析，把電話轉接給最合適的接線員來處理。

　　這就是讓機器人聰明起來的另一個辦法 —— 語音識別。圖像識別讓機器人看得見、看得懂，語音識別則是讓機器人聽得見、聽得懂。

　　讓人工智能長出「耳朵」，這個小小的變化所能帶來的經濟效益，會超出你的想像。

　　在阿里巴巴的園區裡，有一棟特殊的辦公樓，這裡每天人聲鼎沸，員工們從早到晚幾乎只幹一件事 —— 接電話。2015 年那會兒，我還在阿里巴巴工作，當時的阿里巴巴服務全國 5 億客戶，平均每天要處理 20 萬個電話。你可以猜一猜，阿里巴巴的電話中心需要多少名工作人員呢？

　　答案是，接近 2000 名！

　　當時，阿里巴巴的董事長馬雲還提出一個目標，說未

來阿里巴巴的客戶量要增長到原來的 4 倍，也就是服務全球 20 億客戶，那又需要多少人接電話呢？這個不難想像，服務的客戶越多，電話量就會越多。假設我們按以上的比例關係推算，20 億客戶一天就會產生 80 萬個電話，這也就意味着將會有近 8000 人負責接電話。

但馬雲同時要求，電話量雖然會增長到原來的 4 倍，但接電話的人一個也不能多，這可能實現嗎？

完全可能！方法還是語音識別。它就好比機器人的聽覺系統，說白了，就是讓計算機把語音轉變成文字，從而「聽懂」人類說的話。

舉個例子，最近你在淘寶買了一雙新球鞋，但鞋碼不合適，需要退換。這時，你給淘寶客服打電話，就在電話等待接通的時候，大數據就開始同步分析你的個人資料、最近的購買記錄、收件地址和信用等級等信息了。這一通分析下來，它可以猜到是球鞋的問題，把電話轉向那個直接負責處理球鞋退換的接線員。

接線員一接通電話，你向他描述自己的購買經過及退換要求，語音識別隨即開始，將你講的每一句話都同步轉換為文字，並作為客戶信息分類保存。如果電話還需要轉

接，這個文本也會一併傳遞給下一位工作人員，他一看屏幕就明白了你的問題，省去了反覆溝通的麻煩。即使語音識別猜錯了，你打電話其實是因為你買了一本書，結果發現買錯了，同樣可以快速處理。

所以你看，語音識別直接提升了電話中心的工作效率，不僅幫我們減少了無效溝通時間，還降低了平台的客戶服務成本，過去要三四個人幹的活，現在一個人就能包了。馬雲不增加一個人的目標就這麼實現了！

如果人工智能聽懂了你說的話，下一步，它就要開口說話了。這就是新型的人機交互。交互，就是指我們和機器的互動與交流。人機交互，即人類如何控制機器、和機器交流。我們經常能在科技館或商場裡看到一個機器人，看起來笨笨的、傻傻的，但很可愛，關鍵是你可以跟它簡單對話。

「請問恐龍館怎麼走？」

「往前直走。」

抬起頭一看，恐龍館的大牌子就在不遠的前方，自己竟然找了半天。

第一次人機交互的革命發生在 1984 年，蘋果電腦的操

作系統採用了圖形化界面，即通過鼠標點擊窗口、菜單、圖標等圖形完成操作。在此之前，人類必須通過代碼和計算機交流，這就意味着，只有通過專業的培訓才能操控計算機，非常不方便。而圖形化界面美觀、快捷，所見即所得，所以大受歡迎。事實上，正是這一次人機交互革命的成果，讓計算機走入了尋常百姓家。

現在，我們將見證人機交互界面再次發生深刻的革命。這一次，即通過聲音來控制計算機，實現智能性交互，最終要把「人機交流」變成像「人人交流」一樣簡單和直接。

用語音交流的形式已經出現了，而且非常成熟，如百度、谷歌提供的語音式搜索，華為、蘋果等手機提供的語音助理，車載導航甚至有上百種方言供你選擇，給你指路。

我們手機上的智能助理已經可以理解用戶的生活語言，幫助用戶完成一些簡單的日常事務，如發送信息、安排會議和撥打電話等。未來，類似的「個人助理」可以完成更多的事務。例如，你想寫封郵件，可以和手機展開以下的對話：

你：我想發封郵件給我的同學江濤。

手機：是在華南理工大學學習的江濤嗎？（你的聯繫人當中可能還有一個同音的名字「姜濤」）

你：對！

手機：你想跟他說甚麼？

你：下週一晚上8點，我們在中山大學北門的星巴克見面。

手機：你在下週一晚上已經有一個約會了。

你：那就安排在下午2點。

手機：郵件準備好了，是保存還是發出？

……

　　未來的這種人機交流，在一定程度上，甚至比人人交流還要簡單。因為面對機器，你可以省去人際交往中的繁文縟節。這一點，我們在很多反映未來的電影中早有體會。人機交互的這種革命將改變我們對計算機的認識和態度，甚至感情。人類會更加依賴計算機，進入一種更為親密的人機共生狀態。這種以聲音為載體的人機交互形式，也將拉動新一輪人工智能的增長和創新，蘊藏着無盡的商機。

Chapter 11

獨孤求敗

計算機怎麼聽？

　　小學的科學課程有一個知識點：聲音是一種波，是由物體的振動產生的。

　　我們也可以把語音識別理解成一個聲波，結合之前關於漢字查表對照的問題，即每一個不同的振動都代表不同的字，語音識別就是要把那個字找出來。

　　以漢語為例，我們都學過拼音，每個字都有一個拼音，不同的拼音就是不同的波，因此我們首先可以通過不同字的發音，把一個字查出來。當然，人類的語言其實極為複雜，漢語裡有很多同音字。例如，我們根據聲音的聲學特性識別出來兩個字：「dian ying」，那麼這兩個字更可

能是「電影」，而不是「店影」或者「墊穎」，因為「電影」這兩個字在漢語表達中具有一定的意義，並且經常出現。

所以，計算機並不是真的像人一樣聰明，可以理解人類，而是通過大量的數據，建立音素和詞彙的表，通過查表來理解人究竟說了甚麼。簡單來講，語音識別就是把語音拆分成一個個的片段，讓機器反覆練習，從而學習到人類的發音規律。

具體過程是這樣的：把一段語音分成若干小段，這個過程叫分幀，每一幀都是一個狀態，好幾幀連在一起就是一個發音，即一個音素，把一句話轉化為若干音素的過程利用了語言的聲學特徵，因此執行這一任務的算法板塊，叫作聲學模型。但僅僅確定了音素（即拼音）還不行，因為有很多同音字，要從當中把正確的文字挑出來，組成意思正確的一個詞語或者一句話，這個任務才算完成了，這個算法板塊被稱為自然語言處理（NLP），這是最難的部分。

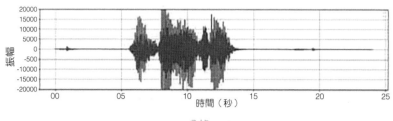

分幀

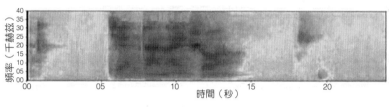

聲學模型

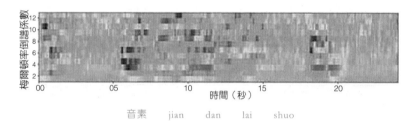

音素　jian　dan　lai　shuo

詞語語句

簡	單	來	說
建	單	來	說
減	單	來	說
柬	單	來	說
電	單	來	說

⋯⋯

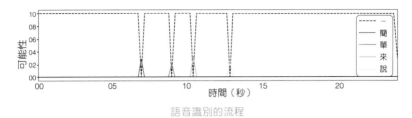

語音識別的流程

　　這兩個板塊的算法都需要大量的數據訓練，人工智能的專家稱之為語料，包括錄製語音、提供和語音一致的精確文本。再通過機器學習分別提取它們的特徵，如音調是甚麼、語速有多快。每一句訓練語料的聲學特徵和文本特徵，都需要在機器學習算法中反覆訓練，最後形成真正的語音識別聲學模型庫。這個庫，也就是我們反覆提到的表，或者說工具書。

　　因為深度學習技術的進步，語音識別的準確率最近幾年得到了大幅度提升，市場上出現了大量機器速記和語音翻譯產品。例如，中國的科大訊飛董事長劉慶峰介紹，其速記系統的準確率已達到 97%。在另外一個小型漢語基準測試中，機器聽力的錯誤率只有 3.7%，而一個 5 人小組的錯誤率為 4%。我們也可以說，機器的語音識別能力已經超

越了普通人。

除了語音識別，通過機器的聽音辨聲還可以識別一個人的身份，甚至一個人講話時的情緒。對專門的聲音，如音樂，機器聽覺還有旋律識別、和弦識別和體裁識別等精細化的應用。也就是說，機器人可以聽懂音樂。

沃森的絕殺

開口說話，則是聲音和文字轉換的一個逆過程。這個過程，其實比聲音轉換成文字更簡單，人類很早就掌握了。語音識別更難的原因，是不同的人說話有不同的口音或方言。

IBM 設計的機器人沃森，就是先有「嘴巴」，再有「耳朵」的。

2011 年 2 月，沃森參加了美國的電視綜藝節目《危險邊緣》。該節目是一個智力競賽，由主持人自由提問，兩邊是節目當中海選出來的兩位堪稱全美國最博學的人，中間是機器人沃森，問題可以是天文地理，也可以是娛樂八卦。沃森在接收到問題之後，會同時運用不同的算法，在

兩億個文檔中尋找、計算答案，然後按下搶答器，用語音合成的技術像人一樣大聲說出答案。唯一不足的是，受限於當時的語音識別技術，沃森是以文本的形式接收提問人的問題，而不是主持人的聲音。也就是說，當時的沃森只有「眼睛」和「嘴巴」，沒有「耳朵」，無法聽懂主持人的問題。

這場人與機器人的巔峰較量，是在 IBM 的一座研究大樓裡進行的。沃森在和人類打了兩輪的平手之後，在第 3 輪中最終勝出，贏得了 100 萬美元的獎金。

當時，沃森的體積其實很大，可以佔滿小半個房間，因此被放在幕後。到 2014 年 1 月，IBM 已經把沃森的體積縮小到 3 個披薩盒子大小，成年人可以輕鬆將其提走。

棋王爭霸

有眼、有耳、有嘴，能看、能聽、能講，機器人不斷更新升級裝備，越來越像人了。但機器要成為「人」，還需要一個十分必要的條件 —— 有大腦、會思考。

前面已經講到過，從人工智能這個概念正式誕生之日

起，機器就開始不斷衝擊人類的思考能力，而標誌性的突破，就是下棋。2016 年 3 月 14 日，谷歌的算法阿爾法狗（AlphaGo）與世界圍棋冠軍、職業九段棋手李世石對決，最終以 4：1 獲勝。

先來看一篇報道：

最近幾天，AlphaGo 大戰李世石引發各方關注。而早在半年前，時任阿里巴巴副總裁涂子沛就已經經歷了一次「千萬豪賭」。

2015 年 8 月 30 日，在中山大學校友會會長論壇上，涂子沛作為大數據專家，受到了挑戰。上海校友會的一位副會長是圍棋高手，兩人在論壇上開始爭論，機器人能否戰勝人類圍棋冠軍，涂子沛的答案是「能」。雙方約定了人民幣 1500 萬元的賭注，贏了則捐給母校中山大學。

一個月之後，谷歌公司的人工智能程序 AlphaGo 就在秘密試驗中以 5：0 戰勝了人類職業選手——歐洲圍棋冠軍樊麾二段。

「當時校友挑戰我說，阿里巴巴能否開發一個算法戰勝人類？當時我對阿里巴巴願不願意、能不能完成這件事沒有把握，但我非常肯定，人工智能一定會在圍棋上戰勝人類，只是沒想到來得這麼快。」3 月 12 日，《大數據》的作者、阿里巴巴前副總

裁涂子沛在接受《21世紀經濟報道》的記者獨家採訪時，發出了這樣的感歎。

《21世紀經濟報道》：您曾經預言人工智能一定會贏，怎麼看待當前的人機大戰？

涂子沛：圍棋只是一項博弈遊戲，公眾輿論把這件事的重要性擴大了。人落後機器並不是第一天存在，圍棋和國際象棋並沒有本質區別，都還是有限計算，只是棋盤更大，可能性更多。但這恰恰是計算機的長處。只要是有限計算，計算機都是強過人類的。

《21世紀經濟報道》：為甚麼會產生如此大的關注度？

涂子沛：這反映了我們對過去的認識不足，對未來的想像不夠。「深藍」曾經戰勝了人類國際象棋冠軍，中國人對國際象棋不敏感，而圍棋又是一個東亞的棋類，西方很少有人關注。人工智能在遊戲上取勝的風口已經過了。

《21世紀經濟報道》：剩下的比賽，您怎麼看？

涂子沛：比賽前，我預測的是5：0。出現一局贏了又能怎樣，機器是一定會勝過人類的。即使人類贏了一局，機器回去改善算法就行了，在有限的空間上人類沒法與機器抗衡。在不遠的三五年內，人工智能必將在棋類等領域碾壓人腦，機人對弈將每

局必勝，這是必然。

......

本報記者 鄭升 見習記者 藏瑾

3 月 15 日深圳報道

人機圍棋大戰是人工智能崛起的標誌性事件。阿爾法狗在戰勝李世石之後，又在網上與中國、日本、韓國等數十位棋手比賽，連勝 60 局，沒有一次失手。2017 年 5 月，在中國烏鎮圍棋峰會上，阿爾法狗又以 3：0 戰勝了世界冠軍柯潔。

至此，大眾普遍認為阿爾法狗的圍棋水平已經超越了人類的頂尖選手。棋類遊戲的競技一向被視為智商水平的比拚，阿爾法狗的取勝引起了一陣恐慌和討論，人工智能在智商上是不是已經完全超越人類了？

其實，我並不這麼認為。

人工智能下棋贏過人類，已經不是第一次了。卡斯帕羅夫是國際象棋的世界棋王，他 1963 年出生，22 歲就在棋壇上封王，保持棋王頭銜長達 21 年。曾經有一場比賽，卡斯帕羅夫一人對抗來自全世界 75 個國家和地區的 5 萬名國

際象棋高手，也就是卡斯帕羅夫一人一邊，其他 5 萬人一邊，5 萬人可以討論，然後投票決定下一步的走法，討論時間可以是一天，即一天下一步，經過 4 個月的拉鋸戰，5 萬人棄權認輸，卡斯帕羅夫最終獲勝。

1996 年，卡斯帕羅夫和 IBM 的機器人「深藍」對決，卡斯帕羅夫以 4：2 獲勝。1997 年，「深藍」回爐深造之後再戰，這一次卡斯帕羅夫以 2 負、3 和、1 勝輸了比賽。尤其是最後一局比賽，心力交瘁的卡斯帕羅夫在 19 個回合後潰敗認輸。

2017 年，卡斯帕羅夫在 TED 的演講中回顧這場比賽，他是這樣說的：

1996 年 2 月初遇「深藍」時，我已穩居世界冠軍超過 10 年，與頂級選手進行了數百場的較量，我能夠從對手的肢體語言中判斷出他們的情緒狀態和下一步棋會如何走。

但是，當我坐在「深藍」對面時，我立即有一種嶄新的、不安的感覺。正如你第一次坐在無人駕駛汽車裡，或上班時「計算機上司」向你發出命令時一樣，我無法預測它到底要做甚麼。

最終，我輸了比賽。我不禁納悶，我深愛的國際象棋就這樣

結束了嗎？這是人為的疑慮和恐懼，而我唯一能夠確信的是，我的對手「深藍」並沒有這些煩惱。

這位棋王的智商是 190，被認為是當今世界最聰明的人之一，他會 15 國語言，還是數學家、計算機專家，經常在這兩個領域發表自己的觀點和見解。他的這段話，其實揭示了機器能夠戰勝人類的一個重要原因，那就是「以無情對有情」。這有點兒像武俠小說中高手的巔峰對決，誰先沉不住氣，誰先露出破綻，誰就輸掉了比賽。

人有情緒，會犯錯，領先時易大意，落後時會焦慮，在進行重複性工作時會分心，這些都是天性。一場圍棋比賽動輒 10 多個小時，對弈雙方殫精竭慮，高手過招，往往是在等對方一不小心犯個錯誤。人類棋手比賽的時間越長、壓力越大，犯錯的可能性也就越大。但機器無情，相比之下，它永遠是穩定的，不會因為分心或者緊張而犯錯誤，只要它有電。

就此而言，有感情的人類注定要輸給沒有感情的機器。

當然，這個前提是「深藍」要和卡斯帕羅夫棋力相當，那「深藍」和阿爾法狗究竟是怎樣學會一手好棋的呢？

要講清楚這個過程，我們要引入一個新的概念，叫強化學習。

　　以阿爾法狗為例，阿爾法狗首先學習了人類 16 萬場棋局的棋譜，它用的方法是深度學習當中的監督學習。在不斷調整各個神經元的參數之後，它可以模仿一個人類棋手的風格下棋。但問題是，這 16 萬場棋局的棋手水平有的高、有的低，經過了這樣的訓練，學習了他們的方法，並不能保證會成為一個頂尖高手。換句話說，即使學習了圍棋冠軍李世石、柯潔的下棋風格，很可能也就是和他們打個平手，並不能青出於藍而勝於藍。

　　阿爾法狗的第一個秘密，是自己和自己下棋，就是我們普通人說的左右手互搏，普通人一天最多只能下十幾盤棋，而阿爾法狗一天可以自我對弈 3 萬局，這就是它自己產生的新的訓練數據，而不用向人類的棋譜學習；第二個秘密，是它每下一步棋，都要評估這步棋是好是壞，計算這步棋對全局贏面的貢獻，一步棋不僅會影響當前的棋面，還會影響後續每一步棋的棋面。阿爾法狗要計算的，是這種累積影響和回報。學習者在大量地嘗試之後，根據每一次計算的回報率來確定哪些行為可以得到更高的回

報，進而強化這些行為，這就是強化學習。對我們普通人來說，棋藝的高低在於你能看到幾步以後的棋勢；而對於阿爾法狗而言，它完全能夠根據一步棋，看清楚未來幾十步，乃至全局的形勢，對人類棋手而言，這是相當可怕的。

通過引入強化學習，阿爾法狗可以通過自我對弈來提升棋力和棋藝，它幾乎擺脫了人類棋譜的影響，這是一種自我、自主的學習，展現了人工智能極其巨大的潛力。它還不斷地進行自我升級，升級後的阿爾法狗被稱為阿爾法元（AlphaGo Zero）。阿爾法元再和阿爾法狗下棋，取得了100：0的勝利。

所以，李世石、柯潔等圍棋冠軍沒有任何可能不輸，今天的阿爾法元，已經進入了「獨孤求敗」的狀態。

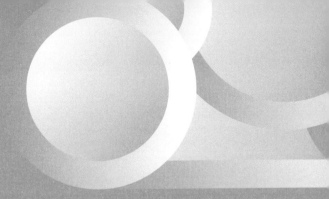

Chapter 12
從開車到開藥，新的里程碑

再見了，人類司機！

如果說前幾年的阿爾法狗讓公眾驚歎不已，接下來讓人充滿期待的人工智能應用，可能更接近人們的日常生活，那就是無人駕駛。顧名思義，它指的是汽車可以自動行駛，完全不需要人的干預，其本質是把駕駛的任務「外包」給機器人。

這，靠譜嗎？

畢竟，開車不同於下棋，雖然都在挑戰機器人的思考和判斷能力，但兩者差異巨大。下棋最壞的結果就是輸得慘不忍睹，而無人駕駛汽車一旦上路，面對的就是一個動態的、開放的複雜空間。道路四通八達，路面情況各異，各種障礙物、車輛、行人乃至打雷、下雨，情況千變

萬化，即便是一個老司機，也難以做到萬無一失。一旦失誤，可是以犧牲生命為代價的。

　　汽車不停地在路面上行駛，每一秒鐘都可能遇到新的情況，需要不斷且迅速地調整決策。和下棋一樣，無人駕駛被認為需要極高的思考和判斷能力。

　　毫無疑問，要實現無人駕駛，首先要有「眼睛」。對無人駕駛汽車來說，最為昂貴的部分，就是激光雷達、攝像頭、紅外照相機、全球定位系統（GPS）和一系列的傳感器等感應設備，僅僅一台高級三維激光雷達就價值 7 萬美元，約佔其全部裝備價格的一半。

　　正是通過這些感應設備，無人駕駛汽車可以不斷地收集路況信息、地理位置、前後車輛精確的相對距離、車流的移動速度、道路兩旁出現的交通標誌和前方的交通信號等數據。

　　僅有 GPS 還不夠，在無人駕駛汽車上路之前，無人駕駛汽車的開發公司，如谷歌、百度，必須派出大量的工程師在所有的道路上親自駕車，以收集各個路段物理特點的三維立體數據，然後把這些數據添加到一個高度詳盡的立體地圖上。當無人駕駛汽車上路行駛時，通過從傳感器和

攝像頭上收集來的數據製作出車身周圍景象的三維形狀，然後與系統自帶的三維地圖進行對比，以快速識別自己的方位和環境。這也可以理解為一種查表，這種查表每秒鐘可能要進行上百萬次。根據查表結果，算法在極短的時間內做出判斷，是減速、加速、併線還是拐彎。

這種技術叫作同步定位和構圖，以前由於計算量太大，需要很長時間。但隨着圖形處理器（GPU）的普及，今天已經可以瞬間計算出來。

例如，系統在對兩種數據進行對比之後會提示汽車：前方1000米處有一個交通燈。鏡頭會立刻啟動尋找那個燈，並識別信號燈的顏色，如果沒有這種提示，臨近現場時才開始識別，反應難度就會大大增加。又比如，通過和原來收集的數據對比，無人駕駛汽車才能識別路邊的物體是原來就有的路燈杆，還是其他障礙物，比如正在移動的行人。

可見，無人駕駛汽車思考的基礎還是查表。沒有事先建表的地方，無人駕駛汽車根本就不能去。例如，中國、印度、韓國等國家是不允許谷歌為其地圖收集數據的，也就是說，谷歌的無人駕駛汽車，根本不可能銷售和進入這

些國家，因為沒有數據可供查表。

但這也不意味着未來每一輛車都需要有思考的能力，歐洲汽車巨頭沃爾沃公司提出了公路列車的新理論。他們認為，公路上的車隊就好像是由一輛一輛的汽車組成的火車車廂，火車只需要有車頭的正確帶領，整個車廂就可以前進，如果公路上的汽車也有個頭車，大部分汽車就能跟着走。換句話說，只要頭車有思考和判斷的能力，其他車只需要在公路上找到頭車就行了。

按照這種設計思想，2012 年 5 月，沃爾沃公司組織了一個 5 輛車的車隊，只有頭車有人駕駛，這 5 輛車在西班牙巴塞羅那的公路上順利完成了 200 千米的測試。

2018 年 6 月，沃爾沃公司又在瑞典進行了無人卡車的公開測試。只有一名司機坐在頭車上，3 輛卡車自動起步、交替行進、蛇形轉彎，所有的動作都通過算法和網絡完成。由於 3 輛卡車之間車距相當，有效降低了空氣阻力，節省了 25% 的燃油。

無人駕駛汽車將引起一系列的社會變化，它的影響並不僅僅局限在汽車行業。隨着人類從駕駛中解放出來，未來的汽車不僅僅是個交通工具，還是個會移動的娛樂中

心、工作間和休息室。

因為是算法控制、沒有人駕駛，無人駕駛汽車將減少一批傳統汽車必須裝備的操控設備，如方向盤、油門和剎車踏板。這意味着車裡的空間變大，車重減輕，耗油量也會有所下降，為全世界節省能源。

此外，有研究表明，90% 的交通事故都是人為因素造成的，情緒不佳、酒後駕車、疲勞駕駛等都是「馬路殺手」。但機器人沒有情緒，也永遠不會疲勞，保守估計，由人為因素導致的交通事故將下降 80%。這不僅將減少社會損失，提高人類的生命安全，也將重構未來的汽車保險行業。

2012 年 8 月，谷歌宣佈旗下的 20 多輛無人駕駛汽車，已經完成了約 270 萬千米的安全行車測試。在整個過程中，車隊只發生過 11 起輕微的交通事故，事後的判定，還證明了責任並不在無人駕駛汽車。即使和人相比，這個紀錄也是很了不起的。

谷歌和沃爾沃的努力，無疑將推動無人駕駛汽車的市場化。而何時才能市場化，也是全世界都在討論的話題。

要加快無人駕駛汽車的問世，不能僅僅依靠人工智

能，而是要反其道而行之，從「人工」向「智能」靠近——改造道路。現在的城市道路是為人類駕駛而設計的，如果我們修建更適合無人駕駛汽車的道路，並在道路兩旁裝配一套更方便機器感應、識別的標識系統，無人駕駛汽車的可行性、安全性將大大提升。專門的、封閉式的道路，作為一個封閉的空間，機器做得比人好的可能性就更大。

這意味着，人類必須重建城市的道路體系，就像 100 多年前汽車被發明出來的時候，人類修建了適合汽車行駛的公路，全面代替了馬車走的土路。而在資金如此充足、技術無比先進的今天，為無人駕駛修建全新的馬路又有何不可呢？

我敢開藥，你敢吃嗎？

除了下棋、開車，人工智能會思考的例子還有很多，如打車、定價、個性化新聞和廣告的推送等。但另一個有特別意義的、值得拿出來的論題，就是人工智能在醫學上的應用。

阿爾法狗學習了海量的棋譜，包括圍棋高手對決產生

的人類棋譜和人工智能之間下棋產生的新棋譜，從而成為圍棋高手。如果人工智能學習的是病歷，又會出現甚麼結果呢？病歷和棋譜，其實有相似之處，棋譜記錄了對弈雙方思考和對抗的過程，而病歷則記錄了醫生和疾病的對抗過程，治療，也是一種對抗。

讀過海量棋譜的阿爾法狗，最終能夠預測人類落子，從而戰勝人類棋手；那讀過大量病歷的人工智能，是不是也技高一籌，能夠對症下藥，戰勝和人類「對弈」的病魔呢？事實上，人工智能未必需要戰勝所有的疾病，它只需表現得比醫生更好，比醫生更穩定，就有着巨大的價值。

再換個角度看，人類有大約幾千種常見的疾病，以及幾萬種常見的藥品。而人工智能的使命就是要在這幾千種疾病和幾萬種藥品之間進行有效的匹配，而快速匹配正是人工智能的強項。例如，擁有 1500 萬名司機和近 3 億用戶的滴滴出行，可以在上億的對象中實現有效的、快速的匹配，其匹配的依據是雙方各自的時間、地點、狀態和路線等。計算量非常龐大，但這正是計算機的優勢。不妨設想，一旦掌握了大量的患者數據和診療方案數據，人工智能也可能在疾病和藥品之間實現有效的匹配，並通過算法

實現對症下藥。

人類正在朝這個方向努力。IBM 開發的機器人沃森在完成了電視比賽之後，又學習了治療癌症病例，記住超過 300 份醫學期刊、200 餘種教科書及 1500 多萬頁資料的關鍵信息，為癌症患者提供精準診療。自 2016 年開始，沃森已經分別在浙江省中醫院、天津市第三中心醫院落地，輔助中國的醫生坐診。

現代醫院在接診效率上仍然較低，一名醫生再能幹，一次也只能看一名患者，一天能接待的患者數量是極其有限的，十幾個號可能就會讓一名醫生忙上一天。患者在醫院的大部分時間還是排隊和等待。

所以，醫院總是人滿為患，中國是這樣，國外也是這樣。社會迫切需要一種低成本、高效率，低門檻、高精度的診療辦法取而代之。

人工智能在醫療領域有巨大的想像空間，前面談到過，未來每個人的生理數據，都可以源源不斷地被上傳雲端、實時分析，每個人都會有一位人工智能醫生，給他提供有關健康的實時反饋和意見，並針對他的疾病開出藥方，這將極大地簡化當前煩瑣的看病流程。你再也不用為

一點兒小病卻排不上號而發愁了，而醫生也不用為了看不到頭的病患而徒耗體力，可以將精力放在研究治療疑難雜症之上。

那醫生這個職業會消失嗎？我認為是不會消失的，但其工作方式將會發生重大變化。未來的醫院，將成為患者、醫生和人工智能三者共生、互相協作的場所。如果有一天，人類真的可以放心去吃人工智能醫生開的藥，這將成為人工智能的一個里程碑。

Chapter 13

你會被替代嗎？

說到機器人能完成的工作越來越多，在充滿對未來暢想的同時，我們又會不可避免地想到一個問題 —— 我們還能做甚麼？機器人可能代替人，很多人將失去工作，成為多餘的人。

　　曾經，人類自詡為萬物之靈，是整個地球最有價值的存在。而現在，人工智能開始以一種不斷學習、不斷奮進、不斷突破的姿態挑戰人類，它在解放人類勞動力的同時，也可能剝奪人類的工作機會。最讓人難堪的是，它還會自我學習，連老師也免了。這樣一個油鹽不進、滴水不漏的機器人絕對是職場紅人、打不死的「小強」啊！

　　當下人類與機器人兩個世界的狀態是：人類無比忙碌，他們即使在街道上行走的時候，也在低頭查看自己的手機。我在《一小時看懂大數據》裡會提到，人類看手機

上癮，這不是學習，而是一種信息消費，浪費了人類大量的時間和注意力。而另一邊，機器人也是低頭一族，但不一樣的是，機器人正沉浸於讀書、繪畫和學習。

如果一個機器人可以學習，那它幾乎可以做到任何事情。我們已經詳細地講解過機器人是如何學習的，它能戰勝圍棋的世界冠軍，就一定程度上減少了職業棋手的存在價值。當然，它也完全可能在圍棋之外的領域戰勝人類，擠垮另一部分人。

想像一下未來的殘酷。

簡單的體力勞動者，直接被淘汰；簡單的腦力勞動者，直接被淘汰。

你讀萬卷書，行萬里路，終於考上大學，學有所成時，機器人來了，你將會跟一個機器人競爭崗位。在面試官面前，你開始細數自己的優勢。面試官面帶微笑、一聲不吭地聽完你的嘮叨，最後幾句話就把你打發了。

「你能確保零失誤嗎？」

「這個……」

「你能不吃飯、不睡覺，永遠精神飽滿、不知疲倦嗎？」

「這個……」

「你能全年無休嗎？」

「我……」

「對不起，你不符合我們公司的要求。」

是呀，機器人的身體不知道比你強壯多少倍，計算能力不知道比你強大多少倍，你吃飯、睡覺、休息一樣都不能落下，它卻可以 24 小時不眠不休，你還怎麼跟人家競爭？

任何人也不想面對這麼尷尬的局面。大部分科學家、經濟學家都相信，隨着人工智能時代的到來，那些重複性的、日常性的工作將逐漸被機器所取代。在這些崗位上，機器人甚至比人還可靠，能把工作做得更好。那我們所憂心的這種大失業到底會不會出現呢？

能看到多遠的過去，就能看到多遠的未來。我們可以從歷史中尋找啟發。

今天我們向智能社會的轉型，和 100 多年前從農業社會向工業社會轉型之時頗有相似之處。當時，工作機會從農業大規模地向工業轉移，100 年前，每 3 個美國人當中就有一個農民，今天的美國，只有 2% 左右的農民，即每50 個人中只有一個農民，但生產的糧食不僅夠美國人自

己吃，還支撐美國成為世界上最大的農產品出口國。而減少的農業人口最終流入了製造業，工業極大地刺激了全社會的需求，原來吃飽穿暖就行了，現在人們需要電視、冰箱、洗衣機、汽車，生產線上需要更多的工人。最終，工作機會的蛋糕變得越來越大。

按這個規律類推，向智能社會轉型的挑戰，工作機會的蛋糕會不會像工業時代一樣，最終變大呢？

Instagram 是一個基於互聯網的照片分享網站，擁有 3000 多萬用戶。2012 年 4 月，它被臉書（Facebook）以 10 億美元的高價收購。這個時候，整個公司只有 13 個人，13 個人就能服務 3000 多萬用戶。WhatsApp，一個基於智能手機的社交媒體軟件，在全球擁有 4 億用戶，在 2014 年被臉書以 190 億美元的天價收購時，整個公司只有 53 個人。53 名員工，服務全球 4 億用戶，這已經完全不是傳統工業可以想像的了。

而 2013 年宣佈破產的柯達公司，曾經是工業時代的行業巨頭，其雇員最多的時候達 15 萬人。今天的企業，首先在基因上就完全不同於工業時代的勞動密集型企業。未來智能社會的主流企業，一定是知識密集型的企業，就企業

的大小而言，將會縮小，而不是變大。

看到上面有關農業時代向工業時代轉型的經驗，我認為未來一定會發生的是人類職業的一次大洗牌，有一些職業一定會消失。和今天的人類相比，智能時代的人類必須要擁有新的知識結構。也就是說，如果這一代新人不具備新的知識結構，大失業的情況就很可能會發生。不要沉浸在「葡萄美酒夜光杯」的想像中，人工智能社會一定會有很多美好，但絕不是只有快樂沒有痛苦。我們都會在有生之年經歷這樣一個時代，特別是年輕人，更需要有清醒的認識。

那麼，有哪些職業肯定會消失呢？牛津大學的奧斯本教授曾經對所有的職業做過一次預測，其他國家也有一些教授做過類似的分析，比較一致的看法是，以下 16 種職業被人工智能取代的可能性最大：

1. 電話推銷員
2. 倉庫管理員
3. 打字員、速記員
4. 會計
5. 保險業務員

6. 銀行職員

7. 文員

8. 接線員、客服

9. 前台、保安

10. 建築工人

11. 專利代理人

12. 批發商

13. 人力資源管理者

14. 駕駛員

15. 電器、機械組裝工人

16. 食品製造工人

回望工業革命發生的時候，歐美等國家都建立了大量的學校，來培養新的產業工人。未來的智能時代，我們需要更多的知識工作者、數據工作者和軟件工作者，這一點是毫無疑問的，我們必須加大對這方面人才培養的力度和儲備。如果你在未來 30 年還需要工作，那我建議你必須擁有以下的知識結構，我依據重要性給它們做了一個排行：

1. 與人溝通和交流的技巧，如講故事的方法和技巧

2. 數學

3. 數據科學，如傳統的統計學和現在的機器學習

4. 計算機編程

5. 創新的思維和方法

6. 外語

7. 藝術

Chapter 14

達摩克利斯之劍

對我們來說，機器人可能距離我們還稍微有一點兒遙遠，但在我們的智能手機裡，已經有了很多人工智能的應用。美好的時代尚未到來，我們財物的收割機已經悄然啟動，形成了對人類社會的第一輪衝擊波。

電商一向被認為是物美價廉的代名詞，可真實情況是這樣嗎？2018 年 2 月，一名中國網友在微博上講述了自己遭遇大數據「宰客」的經歷。他經常通過某旅行網站預訂某酒店的房間，價格常年為 380～400 元。偶然一次，酒店前台告訴他淡季價格為 300 元上下。網上居然比線下還貴，這是甚麼道理？他用朋友的賬號查詢後發現，果然是 300 元。但奇怪的是，用自己的賬號去查，還是 380 元。一個秘密就這樣被捅破了，這是「互聯網＋」社會聲稱要推動人類社會進步的互聯網經濟，打向人類的一記響亮的

耳光。

這條微博引發了網上的「大吐槽」:「我和同學打車,我們的路線和車型差不多,我要比他貴五六元。」「選好機票後取消,再選那個機票,價格立馬上漲,甚至翻倍。」……

《科技日報》在報道這則新聞時,打出了「大數據殺熟:最懂你的人傷你最深」的標題。所謂「熟」,其實就是通過消費者的數據掌握了消費者的底細,知道來的是甚麼人,可以看客叫價。這相當於商場的店員看見開着高級車、穿着名牌衣服的客戶進來,就喊出高價。他們的邏輯是,同一件商品,如果馬雲來買,當然應該更貴一些。

據不完全統計,包括滴滴出行、攜程、飛豬、京東、美團和淘票票在內的多家互聯網平台,均被曝光存在「殺熟」的情況,特別是在線差旅平台更為嚴重。

「殺熟」的淵源可以追溯到更早的「千人千面」。2013 年起,手機購物的趨勢已經非常明顯,世上的商品千千萬萬,手機的屏幕卻只有一個巴掌大,這決定了不能眉毛鬍子一把抓。於是,主流的電商公司,如阿里巴巴,嘗試了一項開創性的工作,它讓每一個消費者每一次打開

淘寶看到的都是不同的商品，即給每個消費者定製一個動態的首頁，其中呈現的商品可能就是消費者這次需要購買的物品，一千個人就有一千個不同的首頁，這就叫「千人千面」。

這就好比讓顧客走進一家實體商店，每次他都發現這次想買的商品就擺放在離他最近的入口處。當然，這樣的擺法和變換在實體商店是根本無法實現的。原因很簡單，超市無法同時滿足這麼多人的需求，也養不起這麼多的搬運工。

當然，「千人千面」的基礎就是人工智能，沒有人工智能，這是不可能實現的。假設你有 100 萬個顧客，現在需要人工處理他們的數據，一個人處理一條數據就算用 10 秒鐘，要把 100 萬條數據處理完，即使 24 小時工作，也需要大約一年的時間，更不用說一個顧客一週可能會有好幾條，甚至好幾十條購買記錄，人工處理顯然是完全不切實際的。

例如，在手機上購買機票，算法可以通過大數據判斷用戶的經濟水平，當用戶進入購買頁面時，高收入者看到的都是商務艙機票，而中低收入者看到的則是打折機票。

即使同一張商務艙機票，針對不同的人也可以顯示不同的價格。你買過一次高價票，說明你對高價不敏感，那繼續賣你高價。這就從「千人千面」演變為「千人千價」了。

「千人千面」和「人工智能」深刻地改變了商家和消費者的關係。在傳統的商場和超市，價格一經公開，所有的消費者都享受一樣的價格，如果價格不合理，商家就會受到眾人的質疑，商家和消費者是一對多的關係，因為眾怒難犯，商家輕易不敢打歪主意。但在「千人千面」的時代，商家和消費者變成了一對一的關係，價格是隱秘的、單行的，價格合不合理，消費者只能靠自己判斷。

正所謂，手機連接了我們，卻又割裂了我們。

我們走出信息匱乏的孤島，又進入一個信息隔離的孤島。

因為有人工智能，雖然是同一部手機，但每個人輸入的數據不一樣，服務的結果也可能不一樣。除了千人千價，利用算法聯合同行，協同拉高價格，也可能成為未來互聯網商業的新常態。

這是 2011 年發生的一起真實案例，有人突然發現，亞馬遜購物網站上有一本書的標價竟為 170 萬美元。其後

的一星期，其定價還不斷飆升，最終創下了 2369 萬美元的天價。

這本書難道是黃金做的嗎？當然不是，這只是算法造成的一個荒謬的錯誤。賣家在使用算法定價，他的算法緊盯他的同行：如果他的同行漲價，他也漲價。恰恰其中一位同行也用算法緊盯他的定價：如果你漲，我也漲。結果，其中一方的微小調價導致兩個算法陷入了加價的惡性循環，你來我往，不斷推高對方的定價，最後攀升到天價。

其實只要在算法中加一個「if...then...」（如果……那麼……）的封頂語句，就不會出現這樣愚蠢的錯誤。不過，這偶然間曝光了電商定價規則未必透明，網上定價機制不只有陽光的一面，也有不為人知的漏洞。

當然，今天的算法不會再讓消費者輕易看到痕跡。例如，對滴滴出行平台上的動態定價，我們都很熟悉，高峰時段貴一點兒，雨雪天氣貴一點兒。這很正常啊，人家司機也不容易，大部分人認為沒有問題，但正是因為動態定價，美國的 Uber 公司被告上了法庭。

動態定價被認為是一種算法合謀。為甚麼這麼說？在用車高峰期，所有的 Uber 司機都在使用動態定價的算法。

這個漲價的算法是事先約定的，是 Uber 公司提前開發的，但如果沒有這個算法，司機就會各自定價，很多司機可能選擇遵從，也可能選擇違背。他們不會像算法一樣統一喊出高價，市場就會處於更加自由的競爭狀態。而通過這個算法，Uber 獲得了更高的提成，市場則失去了自由。

自誕生以來，一個算法是如何設計的，是一個商業公司的核心機密。對所有消費者而言，算法就像一個黑盒子。除了公司的高級管理人員和算法開發人員，一個公司絕大部分的員工都無從知曉黑盒子裡面的秘密，更不用提普通的消費者了。

這樣的算法有沒有可能突破市場競爭的法則？從 Uber 的定價看，極有可能。這樣看來，我們需要給算法制定一個規則，將算法關進籠子。將算法的開發和設計列為商業秘密，可以理解，但算法的邏輯和功效，應該是需要公開的。這就好像藥品，其製藥的過程可以是商業秘密，但藥的成分和功效卻是應該、也是必須要公開的。

其實，考慮到算法對人類生活方方面面的重大影響，把算法比作藥丸或者是保健品，並不為過。比如，我們經常瀏覽的今日頭條 APP，它的算法決定了它的讀者可能會

讀到甚麼，這些讀到的東西，當然會影響一個人的心理、意識和精神的健康。讀者有知情權，也有選擇權，我得知道你是怎麼選的，還得知道我有沒有權利不選這些。

除了算法定價、千人千價的商業倫理問題，隨着機器視覺和機器聽力技術的進步，表情可以複製，語音可以合成，一個人可能被移花接木，變成另外一個人或者換一個面孔，我們很難限制這些技術不被用於造假，這些新問題甚至更嚴重。

2016 年 3 月，德國紐倫堡大學發佈了一個名為「Face 2 Face」的應用。通過機器學習，它可以將一個人的面部表情、說話時面部肌肉的變化，複製到另一個毫不相關的人的臉上，即讓目標對象說出同樣的話，並讓他的臉上出現和這番話相匹配的表情。「Face 2 Face」面部表情移植的準確率和真實度已經高到令人吃驚的程度，一般人難以看出端倪。2017 年 8 月，華盛頓大學的研究人員發表論文稱，他們把美國前總統奧巴馬發表過的電視講話放置在神經網絡中讓機器學習，在分析了數百萬幀的影像後，機器掌握了奧巴馬講話時面部表情的變化，然後用唇形同步的視覺形式，讓奧巴馬講出了一段他實際上從來沒有說過的話。

在中國，同樣的技術也出現了。2018 年 3 月，科大訊飛的董事長劉慶峰在參加兩會期間接受記者採訪時表示：「科大訊飛的夢想，是讓機器像人一樣，能說話、會思考，如今科大訊飛的語音合成技術已經能讓機器開口說話了，我們用機器模仿美國總統特朗普講話，連美國人都信以為真。」

當然，這項技術可能被用於全世界任何一個人，包括公眾人物或明星，甚至國家領導人，這些造假的視頻、音頻和圖片，在短時間內，即使專業機構也難以分辨。那世界豈不是要亂套了嗎？人工智能越來越普及，它本身是中性的，無關善惡，但掌握人工智能的人是有善惡之分的。在不同人的手裡，人工智能就是把雙刃劍，既可以造福於民，也可以為害一方。

還有一個重大的問題也值得關注。

近 10 年來，人工智能進步很大，其中一個主要原因，就是大數據的出現。人工智能需要大量的數據進行訓練，如果把人工智能比作一個嬰兒，那數據就是奶粉，嬰兒的成長是數據這個「奶粉」不斷餵出來的。沒有個人信息，也不會有商家的千人千面、個性定制，也不會有滴滴出行

這樣的打車軟件產生。

　　雖然這些數據都保存在互聯網上，但它們是千千萬萬個普通人參與、使用互聯網的服務之後留下的。而現在數據的所有權卻出現了巨大的爭議。爭議的一方是互聯網巨頭，一個個膘肥體壯，打個噴嚏，地球都要抖三抖；另一方則是普通消費者。看起來，人人都是受益者，享受着互聯網帶來的巨大便利。可是，很少有人注意到，消費者可能正在失去最珍貴的東西──個人「數據」。我們還可能會因此承受巨大的代價──網絡依賴、信息繭房、隱私權不保、選擇權旁落等等。

　　從根本上說，這源於人類對人工智能的控制慾。人們希望隱私權不被侵犯，希望掌握自己的命運，希望科技的發展能夠成就自己，而不是被人工智能算計，置於人工智能的掌控之下。

　　人們希望人工智能的社會更加美好，有序而可控，而不是更加糟糕，它需要新的治理模式。即我們的科學家在不斷發明新的人工智能應用的同時，我們的社會還要發明新的人工智能管理體系。這些任務任重道遠，需要我們不斷努力。

責任編輯　　許琼英
書籍設計　　林　溪
排　　版　　肖　霞
印　　務　　馮政光

書　　名　　一小時看懂人工智能

作　　者　　涂子沛

出　　版　　香港中和出版有限公司
　　　　　　Hong Kong Open Page Publishing Co., Ltd.
　　　　　　香港北角英皇道 499 號北角工業大廈 18 樓
　　　　　　http://www.hkopenpage.com
　　　　　　http://www.facebook.com/hkopenpage
　　　　　　http://weibo.com/hkopenpage
　　　　　　Email: info@hkopenpage.com

香港發行　　香港聯合書刊物流有限公司
　　　　　　香港新界大埔汀麗路 36 號 3 字樓

印　　刷　　中華商務彩色印刷有限公司
　　　　　　香港新界大埔汀麗路 36 號中華商務印刷大廈

版　　次　　2020 年 9 月香港第 1 版第 1 次印刷

規　　格　　32 開 (148mm×210mm) 192 面

國際書號　　ISBN 978-988-8694-26-6
　　　　　　© 2020 Hong Kong Open Page Publishing Co., Ltd.
　　　　　　Published in Hong Kong